POST SCIENCE/16

그림으로 배우는 역학기초

물리학을 배우지 못한 학생들을 위한 역학의 기본 개념서

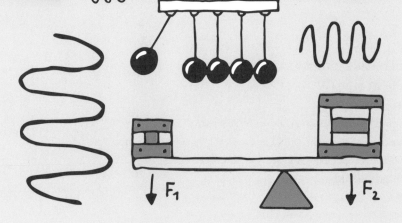

고미네 다쓰오 지음
김종수·박해경 옮김

북스힐

'역학'은 물리학에 입문하는 입구라고 생각하여, 물리학에 입문하고자 하는 독자들을 위해 이 책을 처음부터 끝까지 읽어나가게 하는 것을 목표로 하여 보기 쉽게 내용을 그림으로 표현한 것이 이 책의 특징 중 하나이다.

역학에는 여러 가지 분야가 있으나 이 책에서는 초등학교부터 고등학교까지의 과학과 물리에서 다루어지는 기본적인 뉴턴역학·고전역학이라고 불리는 '힘'이나 '에너지', '운동' 등에 대해 알기 쉽게 설명하고자 한다.

이러한 역학 분야는 일상생활에 매우 밀접하게 관련되어 있다. 그러나 실제로 학교 수업에서 역학에 대해서 배울 수 있는 시간은 충분하지 못하고, 문제 풀이 위주의 수업으로 인해 역학에 대해 제대로 이해하지 못한 채, 물리학은 자신에게는 어렵고 나는 못 하는 사람이라는 인식이 있는 학생들이 많은 것 같다.

본인이 이 책의 기획에 참여하려고 생각한 계기는 한 초등학교 4학년인 여자아이와의 만남 때문이다. 편집자로부터 본서의 기획 이야기를 듣기 2주쯤 전에, 이전에 출판된 「유체공학」에 대한 책을 읽었다는 여학생에게서 연락이 왔다.

"봄방학 과제연구로 '부력'에 대해 조사하고 있는데, 질문이 있어요."라는 것이었다.

이전에 살았던 곳이 그 아이의 집과 가까웠기 때문에, 다음날 집 근처 도서관 로비에서 만나 구석 자리에서 한 시간 정도 이야기를 했다. 그 아이가 열심히 조사하여 준비한 질문들은 의미 있는 질문이어서, 최대한 초등학생이 이해할 수 있도록 성실히 답변해줬다.

만약 고등학생을 가르친다면, 수식을 활용하여 '그리하여 위로 뜨게 된다든가, 그러므로 가라앉는다'라고 설명하면 되겠지만, 이러한 설명을 초등학생이 이해할 수 있을지에 대한 걱정과 달리 잘 알아듣고 있는 아이의 모습을 보고 기뻤다. 이런 경험을 한 지 얼마되지 않았을 때 본서의 기획을 제안받았다.

엄밀한 의미의 정의를 내리는 표현이나 긴 수식을 전개하는 것은 가능한 피하고, 역학에 자신이 없는 사람도 이해할 수 있는 있도록 설명해 보고자 1장을 기고했다. 1장을 가볍게 읽어보면 이 책에서 다루고자 하는 내용을 개략적으로 이해할 수 있을 것이다.

2장 이후부터는 주제에 따라 어느 정도의 수식을 활용하였다. 역학을 이야기하는데, 최소한의 수식과 계산을 이용한 예는 피할 수 없다. 그러나 높은 수준의 수학이 아닌 산수로 풀 수 있을 정도의 수식을 사용하기로 했다.

그러니까 미분을 하고…… 적분을 해서…… 내분을 하면……과 같이 설명하는 사람으로서 정형화된 표현은 사용하지 않으려고 노력했다.

단, 삼각함수만은 쉽게 설명할 방법을 찾지 못한 경우 그대로 사용하였다. 이 삼각함수야말로 역학을 싫어하게 만드는 '첫 번째 걸림돌'이라고 생각하여, 이 책에서는 "삼각함수! 이것만 알면 된다."라는 간단한 항을 추가하였다.

역학에서 중요한 벡터에 대해서도 벡터 기호인 (힘과 관련된) 양(量)과 문자 위에 화살표시는 사용하지 않았다. 벡터가 필요한 부분에서는 그림으로 이해하기 쉽게 개념을 익히는 데 큰 지장이 없도록 일러스트로 하였다.

용어에서도 편집자의 조언을 얻어 자연스럽고 읽기 쉬운 표현을 우선하였다. 또 자전거나 물건운반 등 생활에서 접하기 쉬운 역학적 현상을 간략화하여 역학 모델에 적용해 설명하였다.

이 모든 고려에는 독자들이 이 책을 끝까지 읽고 역학을 쉽게 이해하기를 바라는 본인의 마음이 담겨 있다. 그리고 끝까지 다 읽은 후에, 역학이란 그렇게 어렵지 않구나! 라고 생각한다면 감사하겠다.

끝으로 집필의 기회를 주고, 많은 조언과 격려를 해 주신 과학서적 편집 부분들과 독자의 이해를 돕기 위해 재미있는 일러스트와 꼼꼼한 수식 편집으로 이 책을 잘 정리해 준 제작진 여러분께 진심으로 감사드린다.

저자 고미네 다쓰오

차례

3장 힘과 운동

1장

역학의
첫걸음

'역학'은 추상적인 수식 전개나 이해하기 어려운 용어 때문에 위화감을 느끼는 사람들이 많은 것 같다. 그래서 이 책의 처음 부분에서는 구체적인 계산이나 엄밀한 정의를 제시하지 않고, 우리 생활 속의 현상을 예로 들면서 이 책에서 전하고자 하는 역학의 개요를 소개하고자 한다.

역학은 힘과 운동의 관계를 설명한다

이 책에서는 '물리'의 기본이 되는 **뉴턴역학**의 기초에 대해 다루어 보겠다. 나무에서 떨어진 사과 일화로도 유명한 아이작 뉴턴은 당시의 힘과 운동에 대한 부분을 잘 정리하였고, 뉴턴역학은 **고전역학**이라고도 불린다.

제1장에서는 역학에서 가장 중요한 운동과 힘의 관계를 일상생활 속에서 이해할 수 있는 범위 안에서 소개하고자 한다. 또 조금 어려운 역학 용어에 대해서도 간단하게 설명하겠다. 이 장에서 **역학이란 물체나 기계의 운동과 그 물체나 기계에 가해지는 힘과의 관계를 명확하게 하는 것이라는 것**만 알면, 역학이 재미있어질 것이다.

예를 들어 맑은 날 공원 벤치에 잠깐 앉아 있다 보면, 즐겁게 노는 아이들의 모습속에도 지금부터 이야기하려는 현상 대부분을 관찰할 수 있다. 미끄럼틀, 그네, 스프링 놀이기구, 구름다리, 모래밭, 철봉, 공 던지기, 축구, 술래잡기 등 열거하자면 끝이 없다.

또 자전거로 커브를 돌 때, 몸이 저절로 안쪽으로 쏠리게 된다. 이것은 의외로 복잡한 운동이지만 어린 시절 자전거 타기를 겁내면서도 연습을 하다 보면, 어느새 요령을 터득하게 되고 자전거 타기에 익숙해짐에 따라 의식하지 않아도 자연스럽게 몸으로 익히게 된다.

공원에서 놀고 있는 아이와 자전거로 커브를 도는 사람의 예는, 이 책의 주제인 역학을 일상생활에서 체험할 수 있는 대표적인 예이다.

공원에서의 놀이

즐겁게 놀고 있는 아이들의 움직임이
이 책에서 다루고자 하는 역학의
내용을 잘 나타내고 있다.

자전거로 커브를 돈다

자전거로 커브를 돌 때는 자전거와 몸을
자연스럽게 안쪽으로 기울이게 되는
역학의 법칙을 볼 수 있다.

힘은 물체의 형태나 운동을 변화시키는 근원이 된다

우리 집에서는 2리터짜리 페트병을 버릴 때, 빈 용기를 가능한 최대한 납작하게 접어서 부피를 줄인다. 이렇게 하려면 상당한 힘과 요령이 필요하므로, 이 일은 항상 나의 몫이다. 일상의 작은 부분이지만, **힘을 가하면 물체의 형태를 변화시킬 수 있다**는 것을 알 수 있다.

'힘'이라는 말은 우리 일상생활에서 자주 쓰인다. 예를 들면 무거운 물건을 들거나 운반할 때, 물건의 무게에 따라 사람이 쓰는 힘이 달라지는 것을 체험할 수 있다. 또 자전거 페달을 밟다 보면 길의 경사나 속도, 싣고 있는 물건에 따라 페달을 밟는 힘이 달라진다. 이러한 예를 보더라도 **힘은 물체의 위치나 운동 상태를 변화시킬 수 있다**는 것도 알 수 있다.

그런데 일상적으로 사용되는 힘이라는 말에는 정신력, 기력, 학력, 경제력 등의 의미도 있다. 이런 단어에 사용되는 '힘'은 물체의 상태를 직접 변화시키는 것이 아니라는 점에서 역학에서 말하는 힘과는 다르다.

물체의 상태에는 여러 가지 성질이나 특성이 있지만, 이 책에서 다루고 있는 뉴턴 역학에서는 주로 물체의 형태와 물체의 운동 상태에 주목하여 '힘'을 다음과 같이 설명한다.

"힘이란 물체의 형태나 운동의 상태를 변화시키는 작용의 근원이 되는 것"이다.

힘은 물체의 형태를 변화시킨다

힘은 물체의 형태를 변화시키는 작용의 근원이 된다.

힘은 물체의 운동 상태를 변화시킨다

언덕

평지

힘은 물체의 운동 상태를 변화시키는 작용의 근원이 된다.

관성과 질량은 물체의 운동에 대한 성질을 나타낸다

역학을 어렵게 느끼게 하는 원인 중 하나로 용어의 **정의**를 들 수 있다. 정의란 현상을 정확하게 이해시키기 위하여 그 의미를 설명하는 것이다. 대부분의 사람이 처음으로 곤란을 느끼는 용어가 **질량**이다.

역학 용어인 질량은 **관성질량**을 줄인 말이다. 여기서 느닷없이 **관성**이라는 용어를 사용하였는데, 관성이란 **물체가 현재의 운동 상태를 유지하려고 하는 성질, 즉 멈추어 있는 물체는 계속 멈추어 있고 움직이는 물체는 계속 움직이는 현상**을 말하는 것으로, 모든 물체는 관성을 가지고 있다.

앞 절에서 '힘이란 물체의 운동 상태를 변화시키는 작용의 근원'이라고 정의했다. 예를 들어 평평한 바닥에서 매끄럽게 구르는 수레를 사용하여 같은 크기의 빈 상자와 책이 가득 든 상자를 각각 옮기려고 할 경우, 빈 상자보다 책이 가득 든 상자의 수레를 밀 때 더 큰 힘이 필요하게 되고 멈출 때도 동일하다.

이렇게 물체에 힘을 작용시키면, 주어진 힘에 대한 물체의 관성이 현재의 운동 상태를 유지하려는 **저항력**으로 작용하게 된다. 이 저항력의 정도를 나타내는 양이 **관성질량**이고, 빈 상자보다 책이 가득 든 상자 쪽의 **질량이 크다**고 말한다.

그러면 대부분의 사람이 '그거야 당연히 무거우니까 그런 거지요!'라고 생각할지도 모르겠지만, 여기서는 **무게에 대해서는** 생각하지 않고(무게는 질량과 다른 개념으로 1-4절에서 정의한다), 힘을 작용시켰을 때 **그 물체가 잘 움직이는가 그렇지 않은가**에 대해서만 고려하여 질량을 다음과 같이 정의한다.

"질량은 물체에 힘을 작용시켰을 때, 물체의 관성에 의해 생기는 저항력의 정도를 나타내는 양"이다.

모든 물체는 관성을 가진다

놓여 있는 상자는 정지한 채

굴러가는 공은 계속 굴러간다.

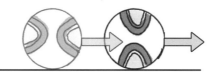

멈추어 있는 물체는 멈춘 채로, 움직이고 있는 물체는 계속해서 움직인다.
관성은 그 성질을 가리킨다.

질량은 힘에 대한 저항력의 정도를 나타낸다

● 수레를 움직일 때

⇨ 움직이게 하려는 힘

⇦ 계속 멈추려고 하는 힘

● 수레를 멈출 때

⇦ 멈추려고 하는 힘

⇨ 계속 움직이려고 하는 힘

멈추어 있는 물체를 움직이도록 하려면, 계속 멈추려는 저항이 생긴다.
움직이고 있는 물체를 멈추도록 하려면, 계속 움직이려는 저항이 생긴다.
질량은 저항력의 정도를 나타내는 양이다.

물체의 무게를 정하는 것
- 무게와 중력

앞 절에서 '무게에 대해서는 생각하지 않는다'라고 편의상 붙인 조건이 역학을 어렵게 느끼게 하는 이유 중의 하나일지도 모른다. 게다가 역학에서는 아무런 설명도 없이, **무게를 무시한다**'라고 표현하는 경우가 종종 있다. '어떻게 물체의 무게를 무시할 수 있다는 말이지?'라는 의문을 해결하지 않으면, 역학에 대한 이야기는 계속해 나갈 수 없다.

무게 또는 **중량**은 지구가 물체를 지구의 중심을 향해 아래쪽으로 잡아당기는 힘의 크기로, **물체 그 자체가 가지고 있는 양이 아니라는 것**이 중요하다. 지구가 물체를 지구의 중심 방향으로 잡아당기는 힘을 **중력**이라고 부른다.

우리는 엘리베이터를 타고 올라가는 순간에는 몸이 무겁다고 느끼고, 내려가는 순간에는 가볍다고 느낀다. 이러한 현상으로부터 몸의 무게(체중)가 간단하게 변화하는 것을 경험하고 있다. 질량(고유한 양으로 뉴턴역학에서는 언제 어디서나 같음)은 변하지 않는 것이지만, 엘리베이터는 중력이 작용하는 방향과 같은 방향 또는 반대 방향으로 움직이므로 물체에 작용하는 중력에 대하여 운동 방향에 따라 관성 저항력이 변하기 때문에 체중이 변했다고 느끼는 것이다.

앞 절에서는 '수평한 바닥을 매끄럽게 구르는 수레'에 수평 방향의 힘을 가했을 때의 물체 운동이므로, 물체의 운동에 중력은 관계하지 않는다. 즉, '무게를 무시한다'라고 할 수 있다. 이렇게 함으로써 물체에 작용시키는 힘과 질량(저항력의 정도)과의 관계로 현상을 단순화할 수 있다. 그러나 실제로는 중력이 전혀 작용하지 않는 것은 아니다.

무게와 중력과의 관계는 다음과 같이 정리할 수 있다.

무게는 지구상의 물체에 아래로 작용하는 중력의 크기이고, 언제 어디서나 항상 일정한 양은 아니다.

무게는 중력의 크기

무게는 중력의 크기

지구

지구가 물체를 지구 중심을 향해
끌어당기는 힘이 중력이다.

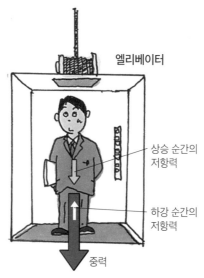

엘리베이터

상승 순간의
저항력

하강 순간의
저항력

중력

관성 저항력이 우리에게 체중의
변화를 느끼게 한다.

무게를 무시할 수 있는가?

수레는 바닥을 따라 수평으로 운동한다.

수평한 바닥

수레를 움직이는 힘

수레는 매끄럽게 굴러간다.

중력에 의한 무게

- 수레는 수평 방향의 운동을 한다.
- 중력은 물체를 아래로 당기지만, 수평 방향으로 운동하는 수레의 운동에는
  관여하지 않는다.
- 이럴 때 '무게를 무시한다'라고 단순화 할 수 있다.

우리는 중력과 관성 안에서 생활하고 있다
– 중력장과 관성계

앞 절에서 '물체의 무게는 중력의 크기'라고 설명했다. 그럼 중력이란 도대체 무엇일까요? **중력은 만유인력과 원심력을 합친 힘이라고 정의되어 있다. 만유인력은 두 물체 사이에서 서로를 끌어당기는 힘으로 두 물체의 질량의 곱이 클수록, 그리고 두 물체의 거리가 가까울수록 커진다. 원심력은** 자전거로 커브를 돌 때 느끼는 것처럼, **회전운동을 하는 물체에 바깥쪽으로 작용한다고 생각할 수 있는 힘이다.** (실제 운동에서 회전운동이 일어나려면 직선운동을 하는 물체를 안쪽으로 끌어당기는 힘이 작용해야 한다.)

나무에서 떨어지는 사과의 운동을 생각해 보면, 지구와 사과는 만유인력으로 서로를 끌어 당기고 있다. 사과의 질량은 지구의 질량에 비해 매우 작고, 관성에 의해 멈추어 있으려고 하는 저항력은 사과 쪽이 지구보다도 훨씬 작으므로, 사과도 지구를 끌어당기지만 지구를 향해 떨어진다.

또한 공중의 사과는 만유인력의 작용으로 지구의 자전과 함께 회전하므로 사과에 원심력도 작용한다고 생각할 수 있다. 그러나 사과의 원심력은 만유인력에 비해 무시할 수 있을 만큼 작으므로, **사과와 지구의 중력은 거의 만유인력과 동일하다고 생각해도** 좋다. 우리는 이 운동을 지상에서 관측하고 있으므로, 가지에서 떨어지는 공중의 사과가 중력에 의해 땅을 향해 떨어지는 것을 목격한다.

사과와 지구의 예처럼, 두 물체 사이에 서로 힘이 작용하는 것을 **상호작용**이라고 부른다. 지구의 중력이 작용하는 공간을 **지구 중력장**이라고 부르며, 규칙적인 상호작용이 성립하는 물체의 집합체를 **관성계**라고 부른다. **우리는 지구 중력장의 관성계에서 살고 있는 것이다.**

만유인력과 원심력

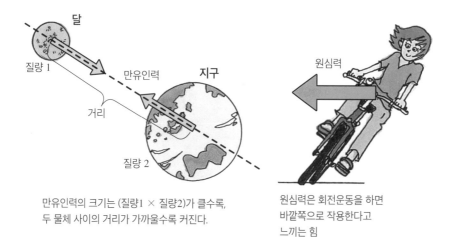

달

질량 1

만유인력

거리

지구

질량 2

원심력

만유인력의 크기는 (질량1 × 질량2)가 클수록,
두 물체 사이의 거리가 가까울수록 커진다.

원심력은 회전운동을 하면
바깥쪽으로 작용한다고
느끼는 힘

사과와 지구의 상호작용

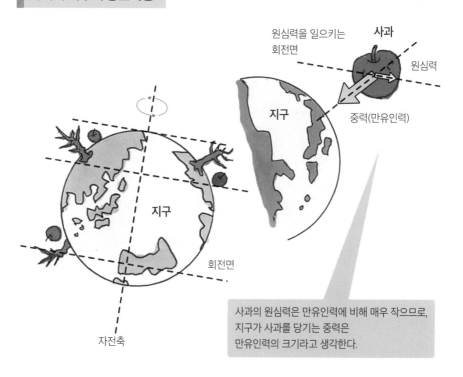

원심력을 일으키는
회전면

사과

원심력

지구

중력(만유인력)

지구

회전면

자전축

사과의 원심력은 만유인력에 비해 매우 작으므로,
지구가 사과를 당기는 중력은
만유인력의 크기라고 생각한다.

책상 위에 놓인 책에 작용하는 힘
– 상호작용과 작용·반작용

상호작용의 예로서 책상 위에 놓인 책을 생각해 보자. 책에는 중력이 작용하고, 책은 중력과 같은 크기의 **연직** 하향의 힘을 책상에 가한다. 반대로 책상은 책을 그 자리에 유지하기 위해 같은 크기로 역방향의 힘을 책에 가한다. 이것은 책과 책상 사이에 **항상 짝을 이루는 힘이 존재하고 상호작용**을 하는 것으로, **물체 1(책)이 물체 2(책상)에 힘을 가하면 물체 2는 물체 1에 같은 크기로 역방향의 힘을 가하게 되는 작용·반작용의 관계**에 있다고 말할 수 있다.

여기서 수평면과 수직인 중력의 방향을 나타낼 때는 연직이라고 표현하였다. 이 예에서는 책의 무게가 책상에 작용한다고 생각하였지만 작용·반작용의 짝은 어느 쪽을 작용이라고 생각하는지는 임의이므로, 책상의 힘이 책에 작용한다고 생각할 수도 있다.

1-4절의 엘리베이터의 예를 엘리베이터 바닥과 사람과의 상호작용이라고 생각한다면 다음과 같이 표현할 수 있다. 정지 중인 엘리베이터에서 사람의 중력과 같은 크기의 힘이 사람을 향해 위쪽으로 작용을 하고 있고, 사람은 바닥을 향해 아래쪽으로 반작용을 주고 있다고 할 수 있다. 상승의 순간에는 사람의 중력보다 더 큰 힘을 바닥이 사람에게 작용하고, 사람은 바닥을 향해 반작용으로 같은 크기의 힘을 가하는 것으로 생각할 수 있다. 하강의 순간에는 사람의 중력보다 작은 힘을 바닥이 사람에게 작용하고, 사람은 바닥을 향해 반작용으로 같은 힘을 작용한다고 보면 된다. 엘리베이터가 상승하느냐 하강하느냐에 따라 바닥과 사람과의 상호작용의 크기가 변화하므로 몸무게(사람이 느끼는)가 바뀐 것처럼 느끼는 것이다.

두 물체의 상호작용에는 **멈추어 있어도, 움직이고 있어도 상호 간의 작용·반작용의 관계에 있는 것**이다.

책상 위에 놓인 책

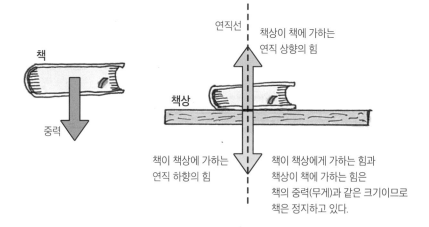

연직선

책상이 책에 가하는
연직 상향의 힘

책

중력

책상

책이 책상에 가하는
연직 하향의 힘

책이 책상에게 가하는 힘과
책상이 책에 가하는 힘은
책의 중력(무게)과 같은 크기이므로
책은 정지하고 있다.

엘리베이터와 사람과의 상호작용

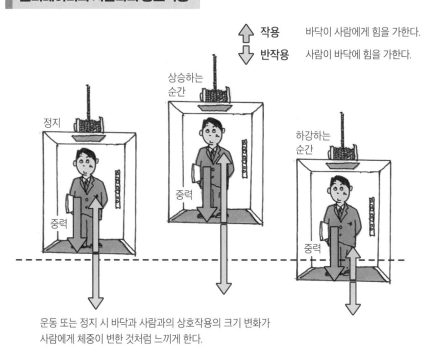

작용 바닥이 사람에게 힘을 가한다.

반작용 사람이 바닥에 힘을 가한다.

상승하는
순간

정지

하강하는
순간

중력

중력

중력

운동 또는 정지 시 바닥과 사람과의 상호작용의 크기 변화가
사람에게 체중이 변한 것처럼 느끼게 한다.

마찰은 접촉면을 맞대었을 때 생기는 현상

우리는 바닥에 놓인 물체를 밀어서 이동시킬 경우, 밀기 시작할 때는 큰 힘이 필요하지만 움직이기 시작한 후에는 처음에 가한 힘에 비하여 조금 힘을 빼더라도 계속 밀고 갈수 있는 것을 경험할 수 있다. 물체와 바닥의 접촉면에 **마찰**이 작용하여, '밀려는 힘을 방해하고 있고, 물체가 움직이기 직전의 마찰은 운동 중의 마찰보다 크다'는 것을 알고 있다. 또 무거운 물체를 밀 때는 더 큰 힘이 필요하므로 무거운 물체에는 더 큰 마찰이 생긴다는 것도 경험으로 알고 있다.

마찰은 두 물체를 서로 접촉된 상태에서 운동시킬 때 **운동에 저항하는 접촉면에 나타나는 현상**으로, 이 저항하는 힘을 **마찰력**이라고 부른다. 마찰의 원인에는 접촉면의 요철을 넘을 때의 **역학적 저항력**과 접촉하는 물체표면의 분자끼리 서로 당기면서 생기는 **분자간력** 등이 있다.

여기에서 표면에 요철이 있는 두 물체를 맞대어 누르는 장면을 상상해 보자. 두 표면을 접촉하여 밀면 요철때문에 운동을 방해하는 힘을 느낄 수 있으며, 이 힘을 마찰력이라 하고 마찰력을 극복할 때 물체가 움직이기 시작한다. 만약 두 물체를 수직으로 세게 누르면서 물체를 밀게 되면, 마찰력은 더욱 커지게 될 것이다. 다음으로 물체를 밀지 않고 두 물체를 수직으로 세게 누르는 힘만을 가하게 되면, 요철을 극복하려는 운동이 없으므로 마찰력은 생기지 않는다. 이 예를 요철의 간격이나 접촉하는 면적의 변화로 생각한다면, 분자간력의 변화로도 이미지화 할 수 있다. 즉, **마찰력은 접촉면에 상대적인 운동이 있는 동시에 운동하는 면에 대해 수직으로 누르는 힘이 있을 때 생기는 것**이다.

접촉면에 마찰이 발생한다

움직이기 시작

힘

마찰

운동 중

작은 힘

작은 마찰

물체가 움직이기 시작하는 데는 운동 중일 때보다 강한 힘이 필요하다.

무거운 물건

가벼운 물건

힘

마찰

큰 힘

큰 마찰

무거운 물체에는 큰 마찰이 생긴다.

마찰의 이미지

누르는 힘

누르는 힘

힘

힘

마찰력

마찰력

물체표면의 요철을 극복하려는 저항력이 마찰력이 되는 이미지

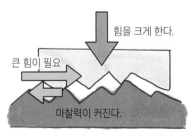

힘을 크게 한다.

큰 힘이 필요

마찰력이 커진다.

누르는 힘을 크게 하면 마찰력이 커진다.

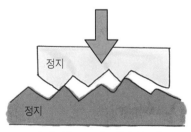

정지

정지

수평 방향으로 미는 힘이 없으면
마찰은 생기지 않는다.

물체의 운동을 간단하게 표현해 보자
— 질점과 좌표계

역학에서 말하는 **운동**이란 **시간이 지남에 따라 물체가 위치를 바꾸는 것이다.** 위치가 변하는 것과 그 크기를 **변위**라고 부른다. 보통 야구공이나 축구공을 던지거나 차면, 바람의 영향을 받지 않는다면 공은 아주 자연스럽게 운동을 계속할 것이다. 이것을 역학에서는 **이상적으로 변화하는 상태**라고 생각한다.

특히 **물체의 운동**을 생각할 때에는 물체의 크기나 형태로 인한 복잡성을 피하려고, 물체의 전체 질량이 가상적 **질점**에 집중되어있다고 이미지화하여 물체의 운동을 이상적으로 기술한다.

운동을 기록하는 방법은 예를 들면 직각으로 교차하는 평면상의 두 직선을 이용하여 물체의 질점 위치를 궤적으로 그릴 수 있고 이것으로 평면상(2차원)의 운동을 기록할 수 있다. 이 두 직선의 교점에서 두 직선에 수직으로 교차하는 세 번째 직선을 추가하면 공간상(3차원)에서 질점의 운동을 생각해볼 수 있다. 이러한 운동을 관찰하기 위해 설정하는 직선을 이용한 2차원 또는 3차원 환경을 **좌표계**라고 부른다.

운동은 좌표계를 정하고 시간의 경과와 질점의 변위를 측정하여 기술할 수 있다. 예를 들어 오른쪽 아래 그림과 같이, 전차를 타고 있는 A와 건널목에 서서 전차가 지나가기를 기다리는 B가 서로의 운동을 관찰하는 경우를 생각해 보자. 여기서는 관측자가 2명이므로, 전차로 이동하는 A의 좌표계와 지상에 있는 B의 좌표계가 있다. A쪽에서 B를 보면 B가 전차의 진행 방향과 반대 방향으로 전차가 움직이는 속도로 움직이고 있는 것처럼 보일 것이다. 한편, B쪽에서 A를 본다면 A가 전차의 속도로 진행 방향쪽으로 움직이고 있는 것처럼 보일 것이다. 상대운동을 하는 A와 B는 개별 좌표계에서 상대방의 운동을 관찰하고 있는 것이다.

공과 질점의 운동

야구공

축구공

물체의 모양이나 크기에 영향을
받지 않는 질점의 운동으로 생각한다.

수직축

질점

원점

수평축

수직평면 좌표상의 질점의 운동

운동의 좌표계

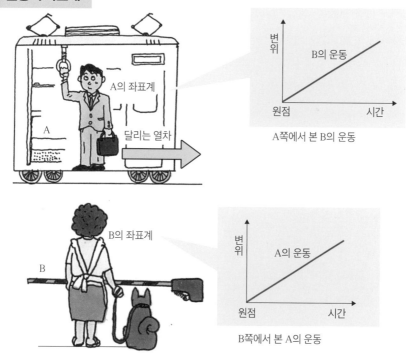

A의 좌표계

A

달리는 열차

변위

B의 운동

원점

시간

A쪽에서 본 B의 운동

B의 좌표계

B

변위

A의 운동

원점

시간

B쪽에서 본 A의 운동

A와 B는 다른 좌표계에서 상대의 운동을 관찰하기 때문에 따로따로 생각하지 않으면 안 된다.

빠르기(속력)와 속도는 다르다
– 스칼라량과 벡터량

물체의 운동을 생각할 때 혼동하기 쉬운 것 중 하나로, **빠르기는 운동하는 물체의 속력의 크기만을 나타내고 속도는 빠르기와 진행 방향을 나타내는 것**이라는 차이점이 있다. 여기서 말하는 속력의 크기는 **단위 시간당 이동한 거리**이고, 진행 방향이란 **진행경로의 방향을 나타내는 직선상에서 어디로 향해 갈 것인가를 나타내는 것**이다. 진행 방향과 방향은 다른 표현이므로 구별해서 생각하자. 수평 방향이라고 하면 수평선과 평행한 경로만을 나타내는 것뿐이고, 운동의 상태는 **수평우측 방향, 수평좌측 방향**이라고 나타낸다. 그렇다면 이 장의 주제인 속력과 속도의 차이를 예를 들어서 설명하겠다.

'태풍은 최대풍속 초속 25 m(25 m/s)의 폭풍우를 동반하며 북동쪽으로 평균시속 30 km(30 km/h)로 이동하고 있습니다'라는 태풍속보에서 25 m/s는 바람의 세기가 얼마나 큰가를 나타내는 것이고, 30 km/h은 **태풍이 이동하는 빠르기의 정도를 수치로 나타낸 것**이다. 그리고 북동쪽으로 30 km/h은 태풍이 이동하는 **빠르기(속력)에 진행 방향을 표시함으로써** 속도에 해당한다. 속도의 정보로부터 얼마나 빠른 속력으로 어느 방향으로 이동하는지를 알 수 있다.

빠르기와 같이 **크기만을 가지는 양을 스칼라량**이라고 부르고, 속도와 같이 **크기와 방향을 가지는 양을 벡터량**이라고 부른다. 자동차가 이동하는 모습을 그림으로 나타낼 때 우리는 빠른 차라면 긴 화살표로 표현하고, 느린 차는 그보다 짧은 화살표로 나타내는 경우가 있다. 그것과 마찬가지로 벡터량은 화살표를 사용하여 나타낸다. **속도의 벡터**에서는 화살표의 길이가 빠르기의 크기를, 화살표의 방향이 운동 방향을 나타낸다.

진행 방향을 표시하려고 할 때는 좌표축으로 생각해 보자. 수평 오른쪽으로 1 m/s로 이동하는 물체 A의 방향을 +(양)이라고 하면, 수평 왼쪽으로 2 m/s로 이동하는 물체 B의 방향은 −(음)이 된다. 이처럼 상반되는 방향의 차이는 양(+)과 음(−)의 부호로 구별한다.

빠르기와 속도

태풍 6호의 예상 경로

태풍 6호(오후 1시)	
중심기압	975 hPa
최대풍속	25 m/s
북동	30 km/h

최대풍속은 바람의 세기, 북동 30 km/h는 진행 방향과 빠르기를 가지는 속도

벡터량의 표현법

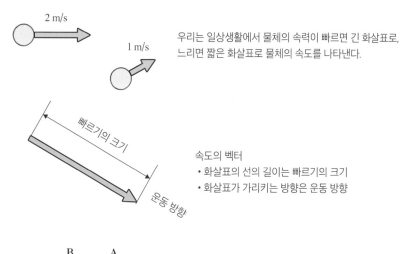

2 m/s

1 m/s

우리는 일상생활에서 물체의 속력이 빠르면 긴 화살표로,
느리면 짧은 화살표로 물체의 속도를 나타낸다.

빠르기의 크기

운동 방향

속도의 벡터
• 화살표의 선의 길이는 빠르기의 크기
• 화살표가 가리키는 방향은 운동 방향

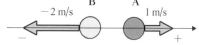

B   A

−2 m/s   1 m/s

동일선상에서 반대 방향의 벡터에는
양(+)과 음(−)의 부호를 붙이면 알아보기 쉽다.

길이와 시간의 취급 방법
– 물리량과 단위

앞 절까지는 기호나 단위에 대해 가능한 언급하지 않았으나, 현상을 정확하게 표현할 때는 대상이 되는 양의 크기와 그 대상을 나타내는 단위를 구분해서 사용하면 편리하다.

두 개의 막대기가 있고 A가 B보다 '조금 길다'라고 표현하기보다 '2 cm 길다'라고 하는 편이 비교 결과를 정확하게 전달할 수 있다. 길이·질량·힘·속도 등과 같이 측정하여 정량적으로 나타낼 수 있는 양을 **물리량**이라고 부르며, 2 cm처럼 크기를 나타내는 수치 2와 길이를 나타내는 단위 cm를 함께 표시한다.

물리량에는 여러 가지 종류가 있지만, 현재 국제적으로 사용되는 **국제단위계(SI 단위)**에서는 길이: 미터(m), 질량: 킬로그램(kg), 시간: 초(s), 전류: 암페어(A), 온도: 켈빈(K), 물질량: 몰(mol), 광도: 칸델라(cd)의 7가지를 기본단위로 하고 있다.

속력 5 m/s가 단위 시간(초)당 변위(m)를 나타내는 것처럼 **기본단위를 조합하여 현상을 나타낼 수 있다.** SI 기본단위를 조합하여 만들어진 단위를 **조립단위**라고 부른다. 역학과 관계있는 힘: 뉴턴(N), 압력: 파스칼(Pa), 에너지·일: 줄(J), 일률: 와트(W) 등은 **고유한 명칭을 가진 조립단위**로서 특별한 기호를 가지고 있다.

SI 단위로 나타낸 수치의 자릿수가 매우 작거나 클 때는 기본단위 앞에 단위를 10의 정수제곱배로 하는 **접두어**를 붙인다. 질량의 기본단위 kg만은 예외로 처음부터 접두어 k를 사용한다. 물리량은 크기를 나타내는 수치와 대상을 나타내는 단위의 쌍으로 표기하고, 매우 작은 값이나 큰 값에는 접두어를 사용한다.

물리량과 SI 단위

● 물리량 표시법

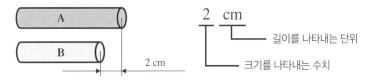

● SI 단위의 7개 기본단위

물리량	명칭	기호
길이	미터	m
질량	킬로그램	kg
시간	초	s
전류	암페어	A

물리량	명칭	기호
온도	켈빈	K
물질량	몰	mol
광도	칸델라	cd

조립단위와 접두어

● 고유 명칭이 있는 조립단위의 예

물리량	명칭	기호	정의
힘	뉴턴	N	kgm/s^2
압력	파스칼	Pa	N/m^2
에너지·일	줄	J	$N \cdot m$
일률	와트	W	J/s

● 접두어의 예

배수	접두어	기호
10^{-1}	데시	d
10^{-2}	센티	c
10^{-3}	밀리	m
10^{-6}	마이크로	μ
10^{-9}	나노	n
10^{-12}	피코	p

배수	접두어	기호
10^1	데카	da
10^2	헥타	h
10^3	킬로	k
10^6	메가	M
10^9	기가	G
10^{12}	테라	T

아이와 공 던지기 놀이의 요령
– 포물체 운동

아이들과 공놀이를 할 때는 공을 받기 쉽게 던지는 것이 놀이의 포인트이다. 그 요령은 비스듬히 위쪽으로 공을 던지면 되는데 그 이유를 생각해 보자.

던진 공이 상대에게 닿을 때까지 공에는 항상 중력이 작용하므로 수직 방향으로 계속 낙하하게 된다. 만약 일정한 거리만큼 떨어진 곳에서 아빠가 아이에게 공을 던진다고 하자. 강한 힘으로 빠르게 공을 던지면, 아이가 공을 받을 때까지 낙하 거리는 짧고 반대로 느린 공은 날아가는 데 시간이 더 걸리므로 공의 낙하 거리가 늘어난다. 그래서 미리 낙하할 거리만큼을 계산해서 비스듬히 위쪽으로 살짝 던져주면, 느린 공이라도 아이에게 도달할 것이다.

이 설명만으로 공의 속도는 여전히 애매하다. 역학적으로 생각해 보자. **운동하는 물체의 속력은 운동 경로상에서 접선 방향 속도의 크기로 표시된다.** 여기서 공의 운동을 수평축과 수직축을 좌표계로 하는 평면 내의 운동이라고 생각하고, 공의 수평 방향을 x축, 높이 방향을 y축으로 한다. 공은 포물선(곡선) 운동을 하므로 공을 던지기 시작한 지점을 ❶, 공의 경로의 정점을 ❷, 공을 잡는 지점을 ❸이라고 하겠다.

제2장에서 좀 더 자세히 설명하겠지만, 공의 포물선에 대한 접선 방향의 속도를 x축 방향과 y축 방향으로 분해한다. ❶에서 비스듬히 위쪽으로 던져진 공의 x축 방향의 속도는, ❸에서 공을 잡을 때까지 일정하다고 생각한다. y축 방향은 공을 위로 던지는 운동이므로, ❷까지 올라갔다가 내려오면 ❸에서 공을 잡는다. ❸에서 공의 속도는 x축 방향의 속도와 y축 방향의 속도를 합성한 것이므로, 비스듬히 위로 던지면 공을 잡기까지의 시간이 길어져서 천천히 움직여도 잡을 수 있다. **속도는 필요에 따라 자유롭게 분해·합성해서 생각할 수 있다.**

비스듬히 위로 던지면 잡기 쉽다

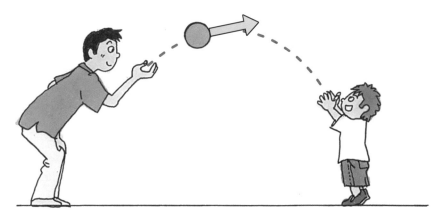

비스듬하게 위로 던진 공은 수평으로 던진 공보다 잡기 쉽다.

속도를 분해·합성한다

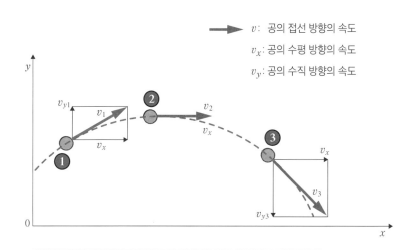

v : 공의 접선 방향의 속도
v_x : 공의 수평 방향의 속도
v_y : 공의 수직 방향의 속도

● 공의 속력은 접선 방향의 속도 크기
● 공이 손을 떠나는 순간의 속도에서 수평 방향의 속도가 결정된다.
● 공의 수직 방향 속도변화는 위로 던지는 운동과 같다.
● 공의 속도는 시간에 따라 변화한다.

힘을 벡터로 나타내는 법과 그 사용법

힘은 벡터량이므로 화살표로 나타낸다. 화살표의 길이는 **힘의 크기**, 화살의 방향이 **힘의 방향**, 화살표의 시작점을 **작용점**이라고 하는데, 이것을 힘의 3요소라고 부른다. 이세 가지 요소에 더하여 화살표의 방향이 **힘의 작용선**을 나타낸다. 또 힘은 작용·반작용에 의해 반드시 반대 방향에서 같은 크기의 힘과 짝이 되어 나타난다. 그러나 보통 상자를 누르는 힘인 벡터만을 표시하고, 반작용의 벡터를 표시하지 않는다. 왜 그럴까? 그 이유는 손가락과 상자가 각각 다른 물체이고, 상자의 운동에만 집중하고 있기 때문이다.

예를 들어 2개의 추(물체)를 단 모빌로 힘을 벡터로 나타내는 방법을 알아보자.

그림과 같이 무게가 각각 1 N(뉴턴)과 2 N인 추를 팔 끝에 고정시킨 후 점 P에서 천장에 줄로 매단다. 단, 팔과 줄의 무게는 고려하지 않는다. 추 무게의 합은 **벡터를 평행하게 이동시켜서 합할 수 있으므로** 수직 아래 방향으로 3 N이 된다. 줄은 이 반작용으로서 수직 위 방향으로 점 P에 3 N의 힘을 주므로 균형이 맞는다. 2개의 추는 점 P를 중심으로 볼 때 만약 반대편에 추가 없다면 한쪽으로 기울어질 것이다. 이 크기를 **돌림힘(토크)**이라고 부른다. 두 추에 발생하는 토크의 벡터 합이 영이 될 때 균형이 잡힌다. 토크는 **지점 P에서 추까지의 길이를 크기로 하는 벡터와 추의 무게에 의한 벡터 간의 곱으로 구할 수 있다.** 그림에서는 팔의 모양과 관계없이 두 추를 연결하는 직선과 점 P에서 직선 위에 내린 수직선의 교차점에서 각 추가 있는 곳까지 수평거리(각 20 cm와 10 cm)를 구하면 된다.

두 힘의 평형은 힘 벡터의 3요소에 작용선을 더하여, 벡터를 평행으로 이동하거나 작용 선상에서 이동시켜서 두 벡터의 크기가 같고 방향이 서로 반대이면 된다.

상자를 밀거나 누르는 힘의 표시법

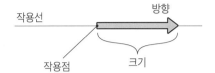

크기, 방향, 작용점의 3요소와 함께
화살표의 연장선이 작용선을
나타냄을 생각하자.

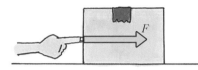

손가락으로 상자를 밀 때의
일반적인 벡터 표시법

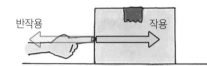

작용하는 힘의 벡터만을 나타내는 것은
상자의 운동에 집중하고 있기 때문이다.

벡터를 다루는 방법

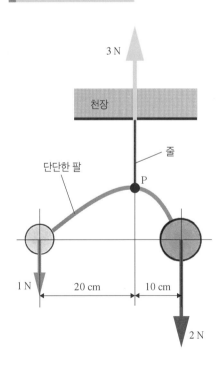

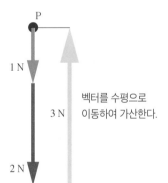

벡터를 수평으로
이동하여 가산한다.

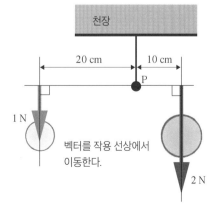

벡터를 작용 선상에서
이동한다.

힘과 돌림힘의 균형
– 강체(딱딱한 물체)에 작용하는 힘

크기가 있는 물체는 힘을 가하는 방법에 따라서 여러 가지 운동의 형태를 관찰할 수 있다. 예를 들어 회전운동과 병진운동으로 대표할 수 있다. 그러나 만약 힘을 받은 물체가 변형된다면 물체의 운동 형태를 구체적으로 한정할 수 없을 것이다. 그래서 물체의 운동을 생각할 때는 힘을 받더라도 부피나 형태가 변하지 않는 **강체라고 불리는 가상의 물체를 설정**하는 것이다. 일반적으로 역학에서 고체는 강체로 생각한다.

바닥에 놓인 상자를 바닥과 평행한 힘으로 밀 때, 힘의 작용선이 상자의 중심으로부터 먼 경우 힘은 상자를 회전시키려고 한다. 이 회전시키는 힘의 효과가 **돌림힘(토크)**이다. 여기서 토크는 벡터량이다.

힘을 받는 강체의 운동은 다음 두 가지 조건에 의해 결정된다.

● 강체에 작용하는 힘의 합력이 영(0)일 때, 강체는 이동하지 않는다.

● 토크의 합이 영일 때, 강체는 회전하지 않는다.

합력이란 여러 힘을 벡터로 합성한 힘이다.

토크의 크기는 임의의 점을 기준으로 하여, 힘의 작용선까지의 최단 길이와 힘의 크기의 곱이다. 임의의 점은 회전의 중심점이나 **무게중심**으로 생각한다. 무게중심은 물체의 질량을 대표하는 점으로 **질량중심**이라고도 한다.

오른쪽 아래 그림에서 강체에 작용하는 힘의 효과를 생각해 보자. 오른쪽 방향의 힘을 양($+$), 무게중심 G를 기준으로 임의의 지점에 힘을 가하여 왼쪽으로 회전하는 운동이 나타날 때 토크(M)를 양($+$)이라고 정한다. ①은 힘 F의 작용선이 무게중심 위에 있어 토크가 작용하지 않으므로(작용선까지의 최단 길이가 영), 오른쪽으로 직선 이동한다. ②는 2개의 힘이 같은 작용선상에서 반대 방향이어서, 힘과 토크가 없어지므로 운동이 일어나지 않는다. ③은 힘 F에 대한 작용선이 무게중심으로부터 떨어져 있어, 토크가 마이너스로 작용하므로($-M$) 오른쪽으로 회전하면서 이동하게 된다.

상자를 밀어보자

① 중심선을 따라 힘을
가하면 밀려서 이동

② 직선상에서 같은 크기로
반대 방향에서 힘을 가하면
움직이지 않는다.

③ 상자 중심에서 떨어진
위치에 힘을 가하면
회전한다.

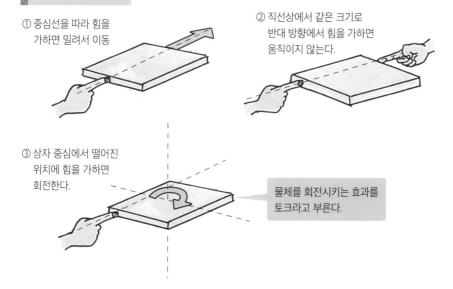

물체를 회전시키는 효과를
토크라고 부른다.

강체에 작용하는 힘

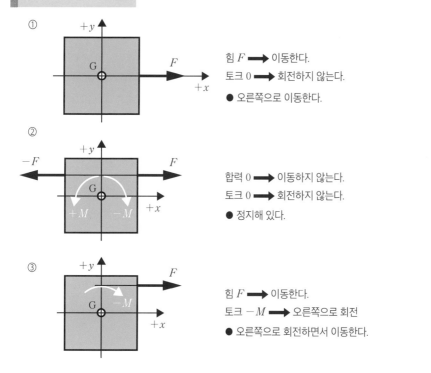

①

힘 F ➡ 이동한다.
토크 0 ➡ 회전하지 않는다.
● 오른쪽으로 이동한다.

②

합력 0 ➡ 이동하지 않는다.
토크 0 ➡ 회전하지 않는다.
● 정지해 있다.

③

힘 F ➡ 이동한다.
토크 $-M$ ➡ 오른쪽으로 회전
● 오른쪽으로 회전하면서 이동한다.

일은 물체를 이동시키는 것

일이란 말은 일상생활에서 자주 쓰인다. 역학용어로서 사용하는 일이란 일상생활에서 '힘을 쓰는 일'이라는 의미와 매우 비슷하다.

역학에서 **일이란 힘을 가하여 힘이 가해지는 방향으로 물체를 이동시키는 것**을 말한다. 손가락으로 물체에 힘 F를 가하여 물체를 힘이 가해지는 방향으로 거리 s만큼 이동시켰을 때 일 W는 $W = F \cdot s$로 나타내며, **손가락이 물체에 일을 하였다** 또는 **물체가 손가락으로부터 일을 받았다**고 말한다.

하지만 우리가 아무리 건물 벽을 세게 밀더라도 벽은 움직이지 않을 것이므로, 이동거리 $s = 0$이므로 일 $W = F \times 0 = 0$이다. 즉, 우리가 아무리 힘을 주어 벽을 밀더라도 벽이 움직이지 않는 한 일은 영이 된다. 일은 스칼라량이고 단위는 $W = F \cdot s$부터 N·m(뉴턴 미터)가 되고, SI 단위계에서 [J](줄)의 고유 명칭을 가진 조립단위를 사용한다.

일의 정의에 대해서는 정확하게 이해하기 쉽지만, 다음에서 살펴볼 운동에서의 일은 어떻게 생각하면 좋을까?

속도 v_0로 운동 중인 물체에 운동과 반대 방향으로 힘 F를 주어, 물체의 속도를 v까지 감속시켰다. 이 힘이 가해지는 동안 물체는 거리를 s만큼 이동하였다. 이 경우 운동의 방향을 양(+)이라고 하면, 힘 F는 운동을 방해하는 방향으로 작용하므로 $-F$가 되고 일 $W = -F \cdot s$가 된다. 즉, 크기 W로 운동에 대해 반대 방향으로 한 일이되므로, 이것을 **음(−)의 일**이라고 부른다. 우리가 자전거 브레이크를 조작하는 것은 자전거가 하는 운동에 대한 음의 일이 된다.

이와 같이 힘의 방향으로 물체를 이동시키는 양(+)의 일과 물체의 운동을 방해하는 방향으로 힘을 주는 음(−)의 일이 있다.

일이란

● 일 = 힘의 크기 × 이동거리

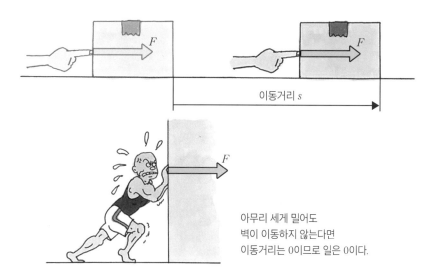

아무리 세게 밀어도
벽이 이동하지 않는다면
이동거리는 0이므로 일은 0이다.

음의 일

● 음의 일 = 운동과 반대 방향의 힘 × 이동거리

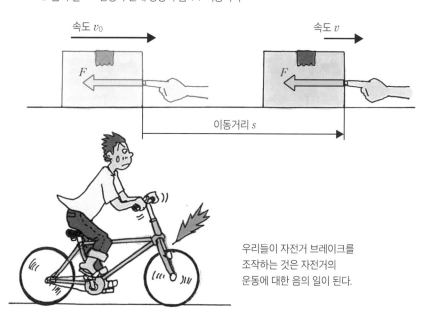

우리들이 자전거 브레이크를
조작하는 것은 자전거의
운동에 대한 음의 일이 된다.

에너지는 일을 하는 능력
– 역학적 에너지보존의 법칙

역학에서 에너지는 일을 하는 능력이라고 정의한다. 그렇다면 일을 하는 능력이란 정확히 무엇일까?

널빤지에 조금 튀어나온 못의 머리 부분에다 손에 쥐고 있는 쇠공을 대고, 쇠공을 어느 높이까지 들어올린 다음 떨어뜨려 쇠공을 못에 충돌시키면 못이 박히게 된다. 이 일련의 과정에 있는 쇠공에 대해서 생각해 보면, **사람의 손에 의해 위로 들어올려지는 일을 받고, 낙하를 시작하여 못을 박는 일을 한 것**이 된다. 즉, 들어올려지고 나서부터 못을 박기 위해 낙하시키기 전까지 쇠공은 '일을 할 수 있는 잠재 능력을 갖추고 있는 것'이다. 할 수 있지만 하지 않는 것, 이것이 일을 하는 능력인 **에너지**이다.

높이 h에 있는 물체가 가진 에너지를 **위치에너지** U라고 부른다. U는 물체의 무게에 높이를 곱한 크기(U = 무게 × h)를 나타내며, 일과 같은 단위인 [J](줄)이다. 같은 높이에 있는 질량 $2\ m$짜리 쇠공은, 질량 m의 쇠공의 두 배 크기의 위치에너지를 가지고 있다. 쇠공을 떨어뜨리면 높이가 감소하여 위치에너지가 감소한다. 그러나 높이 h에 정지하고 있던 속도 $v_0 = 0$인 쇠공은 위치에너지가 감소한 만큼 속도 v가 증가한다. 운동하는 물체가 가진 에너지를 **운동에너지** T라고 부르며, 위치에너지의 감소분은 운동에너지로 바뀐다. 높이 h가 0이 됨과 동시에 최대 속도 v_e가 되어, 쇠공이 높이 h일 때 가지고 있던 위치에너지가 운동에너지로 변환된다. 이 위치에너지와 운동에너지의 합을 **역학적 에너지**라고 부른다. 낙하하는 쇠공에서는 위치에너지의 감소분이 운동에너지로 변환되므로 에너지의 총량은 변하지 않는다. 이것이 **역학적 에너지보존의 법칙**이다.

일을 하는 능력이란?

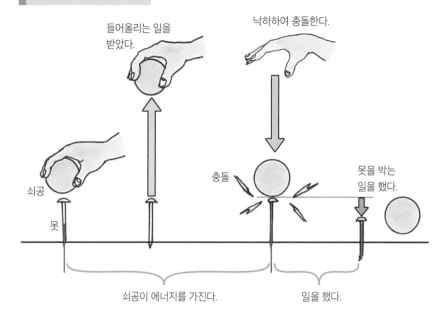

들어올리는 일을
받았다.

낙하하여 충돌한다.

쇠공

못

충돌

못을 박는
일을 했다.

쇠공이 에너지를 가진다.

일을 했다.

역학적 에너지

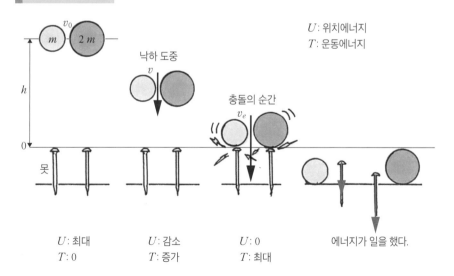

v_0

m $2m$

낙하 도중

v

충돌의 순간

v_e

U : 위치에너지
T : 운동에너지

h

0

못

U : 최대
T : 0

U : 감소
T : 증가

U : 0
T : 최대

에너지가 일을 했다.

낙하함에 따라 위치에너지가 감소하고 운동에너지가 증가하여,
못에 맞는 순간에 모든 에너지가 못에 가해져서 에너지가 일을 한다.

운동의 세기를 나타내는 운동량
– 운동보존의 법칙

앞 절의 운동에너지는 **운동하는 물체가 만약 일을 한다면 이만큼 할 수 있다**라는 크기를 나타낸다. 그러나 운동 상태를 일부러 일의 크기로 변환하지 않아도, 운동의 세기 그 자체를 나타내는 것은 가능하다. 예를 들어 같은 크기의 쇠공과 테니스공이 같은 속도로 운동하고 있다면, 쇠공의 질량이 테니스공보다 크기 때문에 운동의 세기가 더 클 것이다. 샤워기의 물의 세기를 강하게 하면 분출되는 물의 속도가 빨라져 물의 양도 증가하여, 샤워기 꼭지가 흔들릴 것이다. 이러한 운동의 세기를 나타내는 물리량을 **운동량**이라고 부른다. **운동량은 질량 × 속도의 크기를 갖는 벡터량**이고 단위는 [kgm/s]를 사용한다.

쇠공의 질량은 테니스공의 질량보다 크기 때문에, 같은 속도라면 쇠공 쪽의 운동량이 더 크다. 샤워의 세기를 강하게 하면 분출하는 물의 양과 속도가 증가하므로 운동량이 커진다.

에너지가 보존되는 것처럼 운동하는 물체가 가진 운동량도 보존된다. 같은 질량 m의 빨간 공과 파란 공의 충돌을 생각해 보자. 2개의 공은 외부의 작용을 받지 않는 독립적인 관성계에 있다고 하자. 충돌 전 운동량의 총합은 빨간 공이 가진 mv이다. 운동의 변화에는 힘이 필요한데 충돌 순간에 빨간 공이 파란 공에 힘을 작용시키고, 빨간 공은 파란 공으로부터 반작용의 힘을 받는다. 2개의 공이 완전탄성충돌을 한다면 충돌 순간 빨간 공의 속도가 파란 공으로 이동하여 충돌 후에 빨간 공은 정지하고 파란 공이 속도 v로 움직인다. 충돌 후의 운동량의 총합은 파란 공이 가진 mv로, 충돌 전의 운동량이 보존된다.

운동량은 운동의 세기를 정량화한 것으로 독립계 안에서 운동이 변화해도 운동량은 보존된다. 이것을 **운동량 보존의 법칙**이라고 한다.

운동의 세기란(운동량)

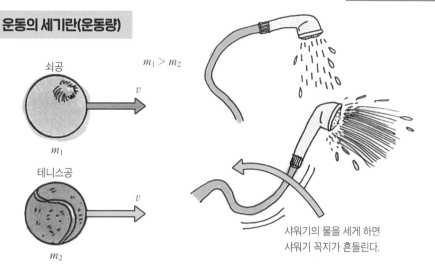

쇠공

$m_1 > m_2$

v

m_1

테니스공

v

m_2

샤워기의 물을 세게 하면
샤워기 꼭지가 흔들린다.

같은 속도라면 질량이 큰 쇠공이 테니스공보다 운동의 세기가 크다(운동량이 크다).

운동량은 보존된다

충돌로 빨간 공의 속도와 파란 공의 속도가 서로 바뀐 완전탄성충돌의 예

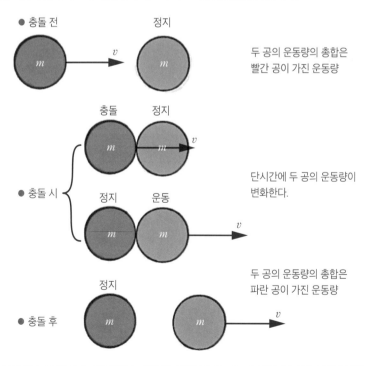

● 충돌 전   정지

m v m

두 공의 운동량의 총합은
빨간 공이 가진 운동량

충돌   정지

m m v

● 충돌 시

정지   운동

m m v

단시간에 두 공의 운동량이
변화한다.

정지

m

두 공의 운동량의 총합은
파란 공이 가진 운동량

● 충돌 후

m m v

일상생활은 역학실험실

우리가 가만히 의자에 앉아 있어도 중력에 의한 힘의 작용이 있다. 자전거를 타고 달리면서 거의 모든 운동 현상을 체험할 수 있다. 엘리베이터를 타면 중력에 대한 운동을 단시간에 체험할 수 있다. 그리고 놀이공원의 대표적 놀이기구인 롤러코스터로는 일상생활에서는 체험할 수 없는 역학 현상을 경험할 수 있다.

제1장에서는 이 책에서 다룰 내용 중 우리가 생활 속에서 경험할 수 있는 것들을 간단하게 설명했다. 그리고 가능한 수식은 거의 사용하지 않았다.

그러나 어쩔 수 없이 (유감스럽게도) 제2장 이후에는 수식이나 계산을 사용하게 된다. 이 내용을 더 잘 이해하려면 실제로 몸을 움직여서 자신의 감각과 비교를 한다든지 직접 자전거를 타고 운동을 확인해 보는 것을 추천한다.

역학은 사실을 단순화하여, 이것은 이렇게 될 수밖에 없다고 하는 법칙을 적용하여 현상을 설명한다. 사안을 단순화할 때에는 마찰을 생각하지 않는다, 저항을 생각하지 않는다 등 실제로는 그렇지 않더라도 이러한 제한된 조건을 설정하는 방법을 사용한다. 그러므로 제한조건에 맞는 계산을 한 결과가 현실과 맞지 않는다고 느낀다면, 그 값에 1.5배, 2배 또는 2/3배, 1/2배 등으로 해보는 것이다. 이것은 보정이라는 사고방법인데, 계산을 결과에 끼워 맞추는 것이 아니라 제한된 조건의 결과로부터 현실적 조건을 고려하여 결과를 유추하는 것이다.

고무줄이나 주방에서 쓰는 저울, 자전거 등 우리 주변의 물건을 사용하여 실험해 보자.

물체의
운동

이 장에서는 물체의 운동에 대해 생각해
보자. 물체의 운동에는 힘의 작용이 필요
한데, 여기서는 어떤 힘이 작용해서 물체
가 움직이는 것이 아니라 운동하고 있는
물체에 대해 생각해 보도록 하겠다. 수식
과 그래프를 연계시켜서 운동을 시각적으
로 파악해 보자.

달리고 있는 사람의 운동을 생각해 보자
— 기본적인 평면운동

물체의 운동은 여러 관점, 즉 1차원, 2차원, 3차원의 좌표계에서 기술할 수 있는데 제2장에서는 **기본적인 평면상의 운동인 2차원 운동**을 살펴보겠다. 이 **평면**이란 그래프로 그릴 때 수직으로 교차하는 두 개의 축으로 표시되는 **수평면**이나 **연직면**, 사면 등을 말한다.

지금 당신은 육상경기의 트랙을 달리고 있는 선수를 관중석에서 응원하고 있다고 하자(그림 1). 출발선에서 멈춰 있던 선수가 출발신호와 함께 달리기 시작한다. 선수들은 곧바로 속력을 내면서 잠시 직선을 달리다가, 커브 구간 바로 앞에서 감속하여 커브를 따라 원의 궤도를 반바퀴 돈다. 커브를 벗어나면 일정한 속력으로 긴 직선을 달리다가 두 번째 커브를 지나고 나면 막판 스퍼트로 골인을 한다.

그럼 이 선수가 이 그림에서 어떤 운동을 했는지 정리해 보자(그림 2). 그림 1은 화살표 길이로 선수들의 움직임을 표시하였다는 것을 알 수 있다. **화살표의 길이는 운동의 속력**을 나타내고 있다. 이처럼 속도와 방향은 **속도벡터**로 나타낸다(그림 2의 ①).

운동은 그 속력이 일정한지 변화하는지로 구별한다(②). 속력이 일정하더라도 **등속도 운동인지 등속 운동인지**의 차이가 있다. 한편, 속력이 변하는 운동을 가속도 운동이라고 하며 가속할 때뿐만 아니라 감속할 때도 음(−)의 가속도 운동이라고 생각한다. ③의 등속도 운동은 **속력이 일정하고 속도벡터의 방향이 변하지 않는 직선운동**이다. 이것은 **등속직선 운동**이라고 부를 수도 있다. ④의 등속 운동은 **속력이 일정하고 속도벡터의 방향이 변화하는 운동**이다. 등속도 운동과 등속 운동의 차이는 벡터의 방향이 고정되어 있는가? 그렇지 않은가? 이다. ⑤의 **등속 원운동**은 원궤도상의 등속 운동으로, 벡터의 방향이 항상 변화하는 것이 특징이다.

그림 1 달리는 사람을 위에서 보면

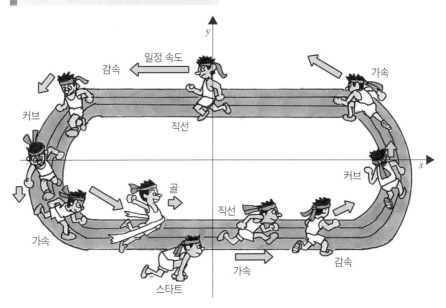

트랙 한 바퀴를 달리는 동안 평면상에서 모든 운동이 일어난다.

그림 2 기본적인 운동

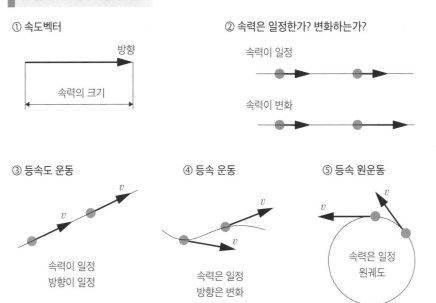

① 속도벡터

② 속력은 일정한가? 변화하는가?

③ 등속도 운동

④ 등속 운동

⑤ 등속 원운동

속도의 SI 단위는 초당미터(m/s)
– 속도의 단위와 환산

운동의 속력이 일정하거나 변화하더라도, 또 속도벡터의 방향이 고정되거나 그렇지 않더라도, **속도 v는 거리 s를** 이동하는 데 소요된 **시간 t**로 나누어서 구한다. SI 단위에서 길이는 m(미터), 시간은 s(초)를 사용하므로, 속도의 단위는 [m/s](미터·퍼·세컨드, 초당 미터)로 나타낸다.

역학에서 **속도**라고 하면 항상 일정한 등속도 v를 생각하는 것이 일반적이다(그림 1). 그러나 운동의 도중에 속력이 변하는 경우에도 속도 v는 식 $\dfrac{s}{t}$로 표현할 수 있으며, 일정한 구간에서는 **평균 속도**, 매 순간순간 속도가 바뀐다면 **순간 속도**라고 생각하면 된다.

역학에서 수치 계산을 할 때 SI 단위가 기본이다. 단, 속도의 실용단위에는 [km/h](킬로미터·퍼·아워, 시간당 킬로미터)나 [m/min](미터·퍼·미닛, 분당 미터) 등 m/s 이외의 것도 사용되므로, 계산할 때는 단위를 [m/s]로 환산해야 한다.

예를 들어 자동차의 속도계(그림 2의 ①)를 [m/s]로 환산할 때는 $\dfrac{1\,\text{km}}{1\,\text{h}}$ $=\dfrac{1000\,\text{m}}{3600\,\text{s}}=\dfrac{1\,\text{m}}{3.6\,\text{s}}$ 이므로, 0.27 m/s로 시속을 초속으로 변환할 수 있다. 그림 2의 ②에서 컨베이어벨트 속도 $\dfrac{120\,\text{m}}{1\,\text{min}}$는 1 min = 60 s이므로, [m/min]의 양을 60으로 나누어 2 m/s로 나타낼 수 있다.

시(h), 분(min), 초(s)의 관계는 1 min = 60 s, 1 h = 60 min = 3600 s이고 1 km = 1000 m로 환산하여 계산하면 되지만 종종 착각하는 경우가 적지 않게 있다. 대수식(代數式)을 정확하게 세웠더라도, 마지막 수치 계산에서 주의 부족으로 계산 실수를 하는 일이 없도록 간단한 환산에 주의하자. 속도의 기본단위는 [m/s]이다.

그림 1 속도와 단위

① 등속도 v

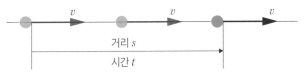

각각의 속도가 일정한 것이 역학에서의 [속도]

② 평균 속도 v

운동 중에 속도가 변하면, $\dfrac{s}{t}$ 는 평균 속도를 나타낸다.

$$속도 = \frac{거리}{시간} \qquad v = \frac{s}{t} \qquad [\text{m/s}]$$

미터·퍼·세컨드 또는 초당 미터라고 읽는다.

그림 2 속도의 환산

① 54 km/s를 m/s로 환산

자동차 속도표시

$$54 \times \frac{1\,\text{km}}{1\,\text{h}} = 54 \times \frac{1000\,\text{m}}{3600\,\text{s}}$$
$$= 15[\text{m/s}]$$

이 수식은 $\dfrac{1}{3.6}$ 이므로 km/h
→ m/s는 3.6으로 나누면 된다.

② 120 m/min을 m/s로 환산

120 m/min

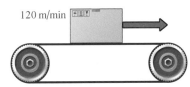

컨베이어벨트와 물체

1분은 60초이므로 m/min
→ m/s는 60으로 나눈다.

$$120 \times \frac{1\,\text{m}}{1\,\text{min}} = 120 \times \frac{1\,\text{m}}{60\,\text{s}}$$
$$= 2[\text{m/s}]$$

예제로 등속도 운동을 생각해 보자

우리가 똑바로 걷거나 달리는 운동은 등속도 운동에 가까운 것이다. 여기에서 간단한 연습문제로, 일상적인 장면에서 볼 수 있는 간단한 등속도 운동의 문제를 풀어보자.

예제

A씨는 직선거리로 20 m 떨어진 곳에 있는 B씨가 부르는 소리를 듣고, 바로 걷기 시작했다. 10 m쯤 걸어가자 B씨가 '서둘러!'라고 말해, 지금까지의 1.5배의 속도로 걸었고 출발한지 15초 만에 도착했다. 서두르기 전과 후의 운동을 각각 등속도 운동으로 가정하고 그 값을 구하라.

① 전구 간의 평균 속도 ② 전반 10 m의 속도 ③ 후반 10 m의 소요시간 ④ 후반 속도(km/h로)

문제 풀이의 포인트

- 전 구간의 평균 속도 v_A는 도중에 속도가 변화해도 거리/시간

- 전체 시간 t는 15 s, 전반의 시간을 t_1, 후반의 시간을 t_2로 하면,

  $$t = t_1 + t_2 = 15 \, [s]$$

- 전반의 속도를 v라고 하면 $t_1 = \dfrac{10}{v} \, [s]$

- 후반은 전반의 1.5배의 속도이므로 1.5 v라고 하면, $t_2 = \dfrac{10}{1.5 \, v} \, [s]$

  이 수치와 식을 그림 1로 정리할 수 있다.

그림 2의 해답 예에서 ②의 마지막 분모에 놓인 미지수 v를 구하는 변형에서 자칫 실수하기 쉽다. ④의 m/s에서 km/h로의 환산은 앞 절에서 설명한 km/h에서 m/s로의 환산과 반대이므로 초속 × 3.6이다.

1 m/s＝3.6 km/h는 천천히 산책하는 정도의 속도라고 기억해 두면 여러 가지로 유용하리라 생각한다.

그림 1 예제

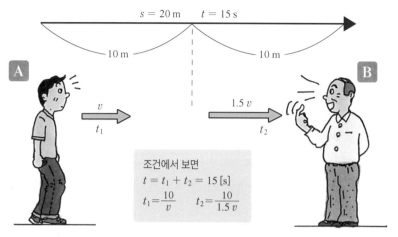

$$s = 20\,\text{m} \qquad t = 15\,\text{s}$$

10 m 10 m

A B

v
t_1

$1.5\,v$
t_2

조건에서 보면
$t = t_1 + t_2 = 15\,[\text{s}]$
$t_1 = \dfrac{10}{v} \qquad t_2 = \dfrac{10}{1.5\,v}$

B씨가 불러서 걷기 시작한 A씨, 도중에 '서둘러!'라고 하자 빠른 걸음으로 걸었다.

그림 2 해답 예

① 전 구간의 평균 속도: v_A

$$v_\text{A} = \frac{s}{t} = \frac{20}{15} \fallingdotseq 1.3\,[\text{m/s}]$$

② 전반 10 m의 속도: v

※ 단순한 계산 실수에 주의

$$t = t_1 + t_2 = \frac{10}{v} + \frac{10}{1.5\,v} = \frac{15 + 10}{1.5\,v} = \frac{25}{1.5\,v} = 15$$

$$\therefore v = \frac{25}{1.5 \times 15} = \frac{5}{4.5}\,[\text{m/s}](\fallingdotseq 1.1\,[\text{m/s}])$$

③ 후반 10 m의 소요시간: t_2

여기가 $\dfrac{1}{v} = \dfrac{4.5}{5}$

$$t_2 = \frac{10}{1.5\,v} = \frac{10 \times 4.5}{1.5 \times 5} = 6\,[\text{s}]$$

④ 후반 10 m의 속도를 km/h로

m/s를 km/h로

$$\text{후반 10 m의 속도} = 1.5\,v = 1.5 \times \frac{5}{4.5} \times 3.6 = 6\,[\text{km/h}]$$

문제를 시각화하여 생각해 보자
– 등속도 운동 그래프

역학은 언제, 어디서, 무엇이, 어떻게 되었는지에 대한 상태의 변화를 기술하는 것이므로, 그것을 수식으로 대체하면 쉽게 알 수 있다. 하지만 수식을 만드는 것이 익숙하지 않은 사람은 어디서부터 손을 대야 할지 몰라 망설여질지도 모른다. 그럴 때는 문제를 그림이나 그래프로 그려보자. 운동을 시각화하면 핵심을 잘 볼 수 있다. 앞 절의 예제를 오른쪽에 그래프로 그려보았다. 일반적으로 운동 그래프는 가로축에 시간을, 세로축에 속도나 거리를 설정하고 그래프를 그린다.

①을 **시간-거리 그래프**라고 부른다. 전체 시간은 15초지만 전반과 후반의 시간을 모르기 때문에, '대략 이 정도'라는 지점에서 t_1과 t_2를 나눈다. 등속도 운동은 거리와 시간이 비례하므로 그래프는 직선이다. 거기서 원점 0부터 점 P까지, 그리고 점 P에서 점 Q까지 직선으로 연결한다. 여기서 이 그래프에서 **직선의 기울기(거리/시간)가 속도를 나타낸다**는 것을 알았다면, 전반과 후반의 속도가 그림의 식 (1) $v = \dfrac{10}{t_1}$와 식 (2) $1.5\,v = \dfrac{10}{t_2}$이 되는 것을 알 수 있다. 이것으로 식은 완성되었다. 그리고 '식 (1)과 식 (2)에 공통의 v를 소거'하는 단계로까지 발전시킨다면, 시간만을 구하는 식 (3) $t_1 = 1.5\,t_2$가 됨을 알 수 있다.

②를 **시간-속도 그래프**라고 부른다. 등속도 운동은 속도가 일정하므로, t_1의 속도 v와 후반의 속도 $1.5\,v$를 시간 축에 평행한 선으로 그린다. 여기서 직사각형의 면적 s_1과 s_2는 속도 × 시간이므로 이것이 거리를 의미한다고 알았다면, 전반과 후반의 거리가 그림 속의 식 (1) $10 = vt_1$과 식 (2) $10 = 1.5\,vt_2$가 된다는 것을 알 수 있을 것이다. 두 식으로부터 전반과 후반의 시간의 비율이 식 (3) $t_1 = 1.5\,t_2$임을 알 수 있다.

①과 ② 모두 식 (3)으로부터 전체 운동 시간 $t = t_1 + t_2 = 1.5\,t_2 + t_2 = 2.5\,t_2$ =15초가 되므로, $t_2 = 6$초라는 답을 구할 수 있다.

운동을 그래프로 만들기

① 시간-거리

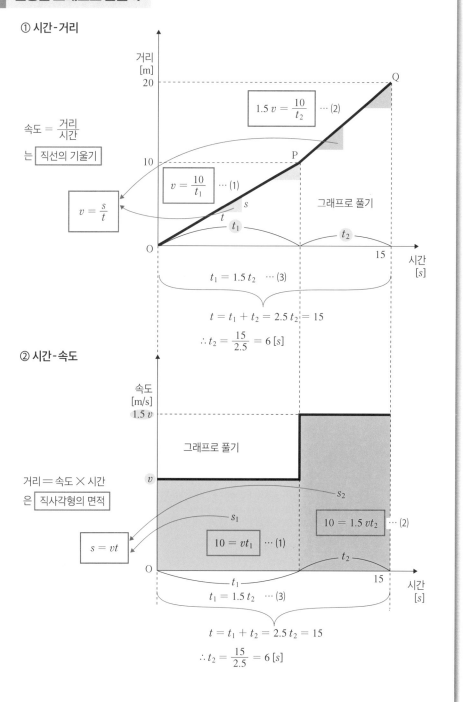

속도 $= \dfrac{거리}{시간}$

는 직선의 기울기

$v = \dfrac{s}{t}$

거리 [m]

Q

20

$1.5\,v = \dfrac{10}{t_2}$ ··· (2)

P

10

$v = \dfrac{10}{t_1}$ ··· (1)

그래프로 풀기

s

t

t_1

t_2

O

15

시간 [s]

$t_1 = 1.5\,t_2$ ··· (3)

$t = t_1 + t_2 = 2.5\,t_2 = 15$

$\therefore t_2 = \dfrac{15}{2.5} = 6\,[s]$

② 시간-속도

속도 [m/s]

$1.5\,v$

그래프로 풀기

v

거리 $=$ 속도 $\times$ 시간

은 직사각형의 면적

$s = vt$

s_1

s_2

$10 = vt_1$ ··· (1)

$10 = 1.5\,vt_2$ ··· (2)

t_2

O

15

시간 [s]

t_1

$t_1 = 1.5\,t_2$ ··· (3)

$t = t_1 + t_2 = 2.5\,t_2 = 15$

$\therefore t_2 = \dfrac{15}{2.5} = 6\,[s]$

유연하게 생각해 보자
– 그림을 잘 사용하자

가끔 초등학생의 답안지를 보면 '아! 이걸 이렇게 생각했구나!' 하고 놀라게 되는 경우가 있다. 2-3절의 문제를 초등학생에게 보여주면 눈 깜짝할 사이에, 게다가 v, s, t같은 기호를 사용하지 않고 정답을 말하기도 한다. 그들은 이 답을 어떤 방법으로 생각하고 있는 것일까? 이 문제를 그들의 눈높이로 바꾸어서 살펴보겠다.

'A씨는 20 m 떨어진 곳에 있는 B씨가 부르는 소리를 듣고 바로 걷기 시작했다. 그리고 10 m 위치에서 B씨가 '빨리 서둘러!'라고 말해서, 지금까지의 1.5배의 속도로 서둘러 걸었고, 출발한 지 15초 만에 B씨네 집에 도착했다. 빠르게 걸어간 시간은 몇 초이었나?'

어쩌면 6초라는 답만 대답하거나 그림 1과 같이 메모 정도의 나눗셈을 한 답안도 있을지 모르겠다. 이 문제를 풀면서 반드시 식을 세워야 한다고 말하지 않았기 때문에, 이것도 틀린 답은 아니다. 그렇다면 어떤 방법으로 생각했는지 알아보자.

아래에 그들의 생각을 나타내 보았다(그림 2 참조).

① 거리는 속도 × 시간이므로 직사각형의 면적이다. 속도를 세로로 하고 시간을 가로로 하는 사각형을 그리자.

② 후반의 속도는 전반 속도의 1.5배

③ 속도가 1과 1.5인 2개의 직사각형에서, 거리가 같다면 소요 시간은 속도에 역비례하여 1.5와 1이다. 두 직사각형은 가로와 세로의 관계이다.

④ 전반 시간은 후반 시간의 1.5배

⑤ 전체 시간은 후반 시간의 2.5배

⑥ 전체 시간 15초를 2.5로 나누면 후반 시간이 된다.

이런 생각이 순간적으로 떠올랐을지도 모르겠다.

그림1 이렇게 생각할 수도

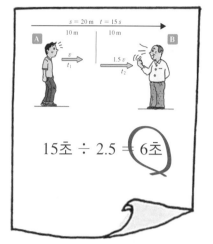

전체 시간이 후반 시간의 2.5배라고 알고 있으므로 정답

그림2 유연한 머리는 이렇게 생각했다

가로의 직사각형을 세로로 만든다.

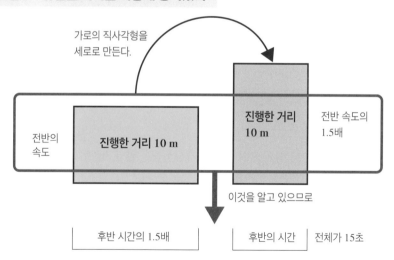

전반의 속도

진행한 거리 10 m

진행한 거리 10 m

전반 속도의 1.5배

이것을 알고 있으므로

| 후반 시간의 1.5배 | 후반의 시간 | 전체가 15초 |

전체는 후반 시간의 2.5배

후반 시간은 15초 ÷ 2.5 = 6초

자동차의 출발부터 정지까지
– 가속도 운동

가속도 운동은 물건을 위에서 떨어뜨리거나 차를 가속시켜 출발하는 등의 운동을 말하는데, 이것을 역학적으로 생각해 보자.

차를 운전하고 있던 당신은 빨간 신호등을 보고 P점에서 정지했다고 하자(그림 1). 도로는 교통량이 적은 탁 트인 직선도로로, 200 m 정도 앞에 있는 Q점에 일시정지 표시가 있다. 신호등이 녹색으로 바뀌었을 때, 당신은 어떻게 운전을 할까? 일시정지 표시가 있으므로 천천히 일정한 비율로 가속하여, 일정 속도로 잠시 달리다가 일정한 비율로 감속하여 일시정지선에서 멈출 것이다.

그림 1의 시간-속도 그래프는 당신의 운전을 그래프로 재현한 것이다. P점에서 출발하여 가속하는 운동과 Q점 앞에서 감속하는 운동이 가속도 운동이다. 일정 속도로 달리는 운동은 이미 설명한 등속도 운동이다.

가속도 운동에서의 시간당 속도의 변화율을 **가속도 a**라고 한다. 가속도 a는 현상의 변화를 나타내는 Δ(델타)를 사용하여, 속도의 변화량 Δv를 시간의 변화량 Δt로 나눈 $\dfrac{\Delta v}{\Delta t}$로 단위 시간당 속도의 변화로 정의된다. 단위는 속도[m/s]를 시간[s]으로 나누므로 [m/s²](미터·퍼·세컨드제곱, 초당 속도)이다.

그림 2의 ①과 같이 P점을 출발한 후의 가속운동을 **양의 가속도 운동**이라고 부르고, 보통은 '양의'를 생략하고 가속도 운동이라고 한다. ②와 같이 Q점 앞에서의 감속운동은 **음의 가속도 운동**이라고 부른다. 둘을 모두 통상적으로 가속도 운동이라 한다. 또 변화하는 속도의 한 시점에서 계측한 것이 **순간 가속도**이고, 일정한 가속도 a로 계속 운동하는 것이 **등가속도**이다. 등가속도 운동의 시간-속도 그래프는 기울어진 직선으로 표시된다.

그림1 자동차의 출발부터 정지까지

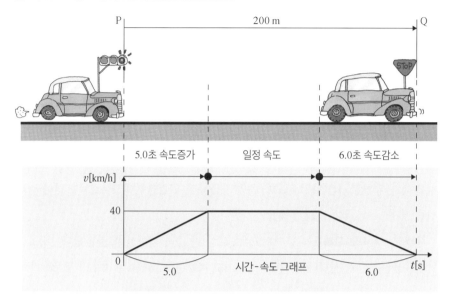

출발부터 정지까지의 운전을 예로 그래프를 그려 보았다.

그림2 가속도의 양과 음

① 속도증가
양의 가속도 운동

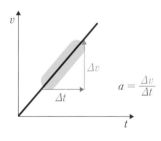

$$a = \frac{\Delta v}{\Delta t}$$

② 속도감소
음의 가속도 운동

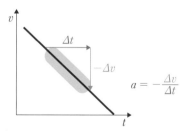

$$a = -\frac{\Delta v}{\Delta t}$$

$$\text{가속도} = \frac{\text{속도변화량}}{\text{시간변화량}}$$

단위는 $\dfrac{m/s}{s}$ ➡ $\dfrac{m}{s \times s}$ ➡ $\dfrac{m}{s^2}$

$$a = \frac{\Delta v}{\Delta t} \quad [\text{m/s}^2]$$

미터·퍼·세컨드제곱 또는
제곱초당 미터라고 읽는다.

등가속도로 달리는 자동차를 생각해 보자
– 등가속도 운동의 공식

등가속도 운동에는 계산에 도움이 되는 몇 가지 공식이 있다. 여기서는 공식을 단순히 암기하는 것이 아니라 그 공식이 어떻게 만들어졌는지 그래프를 이용하여 한 번 생각해 보겠다.

전제가 되는 조건은 초기 속도가 v_0인 자동차가, 일정한 가속도 a로 t초 만에 거리 s만큼 달려서 속도 v가 되는 운동을 생각한다.

① **시간-가속도 그래프**는 등가속도이므로 시간 축과 평행한 직선이 된다. 이 그래프의 면적 (A)는 속도변화 Δv, 즉 $v - v_0$이고 시간변화 Δt는 $t = 0$부터 생각하기 때문에 Δ는 붙이지 않고 t로서 가속도 a를 식 (1) $a = \dfrac{v - v_0}{t}$로 나타낸다.

② 시간-속도 그래프의 속도 v는 초기 속도 v_0에 그래프 ①의 직사각형 (A)의 면적 at를 더한다. 이를 식으로 나타낸 것이 속도 v의 식 (2) $v = v_0 + at$이다.

③ 시간-거리 그래프는 그래프 ②의 직사각형 (B)의 면적이 초기 속도 v_0에서 t초간 운동한 거리 s_1, 그래프 ②의 삼각형 (C)의 면적이 가속도 a에서 t초간 운동한 거리 s_2이므로, 총 이동거리는 s_1에 s_2를 더한 것이 된다. 이것을 식으로 나타낸 것이 거리 s의 식 (3) $s = v_0 t + \dfrac{1}{2}at \times t = v_0 t + \dfrac{1}{2}at^2$이다. 여기서 $\dfrac{1}{2}at \times t$는 가속도 운동을 하는 동안에 삼각형의 면적이다.

다른 방법으로 생각하면 거리 s는 그래프 ② 시간-속도 그래프의 전체면적이므로, s_1, s_2로 나누지 않고 사다리꼴의 면적으로 구할 수 있다. 시간 t를 등가속도 a로 나타내면, 사다리꼴의 면적은 v_0, v, a로 나타낼 수 있다. 그리하여 구한 거리 s가 식 (4) $v^2 - v_0{}^2 = 2as$이다.

이상과 같은 과정을 통하여 구한 식 (1)부터 식 (4)가 **등가속도 운동의 공식**이다.

등가속도 운동의 그래프와 공식

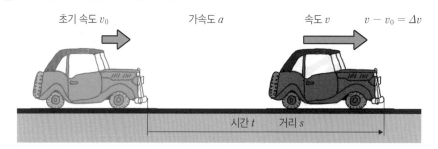

초기 속도 v_0 가속도 a 속도 v $v - v_0 = \Delta v$

시간 t 거리 s

① 시간-가속도 그래프

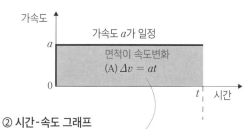

가속도

a

가속도 a가 일정

면적이 속도변화
(A) $\Delta v = at$

0 t 시간

② 시간-속도 그래프

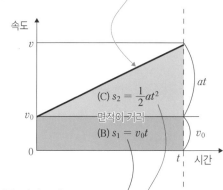

속도

v

at

(C) $s_2 = \dfrac{1}{2}at^2$

면적이 거리
(B) $s_1 = v_0t$

v_0

v_0

0 t 시간

③ 시간-거리 그래프

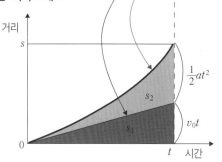

거리

s

$\dfrac{1}{2}at^2$

s_2

v_0t

s_1

0 t 시간

등가속도 운동의 공식

$$a = \frac{\Delta v}{t} = \frac{v - v_0}{t} \quad \cdots\cdots (1)$$

$$v = v_0 + at \quad\quad\quad \cdots\cdots (2)$$

$$s = v_0t + \frac{1}{2}at^2 \quad\quad \cdots\cdots (3)$$

$$v^2 - v_0^2 = 2as \quad\quad \cdots\cdots (4)$$

식 (4)를 그래프 ②의 사다리꼴의
면적으로부터 구한다.

식 (1) 또는 식 (2)로부터
$$t = \frac{v - v_0}{a}$$

s는 사다리꼴의 면적이므로,
$$s = \frac{1}{2}\frac{v - v_0}{a}(v + v_0)$$
$$2as = (v - v_0)(v + v_0)$$
$$= v^2 - v_0^2$$

등가속도 운동의 계산 예 ①
– 공식으로 풀기

앞 절의 등가속도 운동의 공식으로 어떻게 해답을 도출하는지 2-6절의 자동차 문제를 예로 알아보자. 출발 후 5.0초간의 가속도와 주행거리, 정지 전 6.0초간의 가속도와 주행거리를 구해보자.

문제 풀이의 포인트

- 출발 후 5.0초간을 구간 1, 정지 전 6.0초간을 구간 2로 한다.
- 각각의 가속도를 a_1, a_2 주행거리를 s_1, s_2로 한다.
- 일정속도 40 km/h를 $\frac{40}{3.6}$ m/s로 계산한다.

우선 각 구간의 가속도를 구하고, 그 가속도를 사용하여 주행거리를 구한다.

(1) 가속도는 식 (1) $a = \frac{\Delta v}{t}$로부터 $a_1 ≒ 2.2$ m/s², $a_2 ≒ -1.9$ m/s²를 구할 수 있다. a_2는 감속이므로 부호(-)가 붙는다.

(2) 거리는 (1)의 가속도를 사용하여, 식 (2) $s = v_0 t + \frac{1}{2} a t^2$으로부터 $s_1 = 27.5$ m, $s_2 ≒ 32.5$ m를 구할 수 있다. s_1은 초기 속도 v_0가 0이므로, 첫 항이 사라진다. s_2에서는 감속 전의 속도가 초기 속도가 된다.

이 계산은 소수 2자리에서 반올림하여 소수점 아래 1자리로 근사하여 나타냈다. 근삿값으로 나타내는 계산은 소수점 아래 몇 자리를 사용할 것인가를 임의로 정한 것이다(유효숫자라고도 한다). 그래서 식 (2)의 $s = v_0 t + \frac{1}{2} a t^2$에서 at 대신에 Δv를 대입한 근삿값을 포함하지 않는 식 (3) $s = v_0 t + \frac{1}{2} \Delta v t$를 이용하여 계산해 보면, 소수점 아래 1자리에서(이하는 반올림) 구한 주행거리는 $s_1 ≒ 27.8$ m, $s_2 ≒ 33.3$ m가 되고, 식 (2)의 결과와 다르다는 것을 알 수 있다. 이것은 무엇을 어떻게 구하는가를 제한하지 않았기 때문에 일어나는 수치처리의 방법에 따라 발생하는 허용 가능한 차이다.

그림1 예제

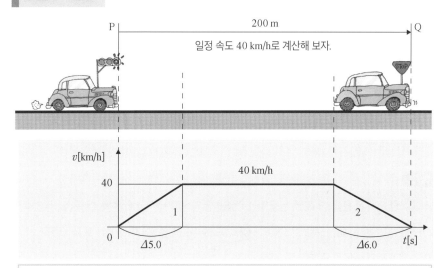

일정 속도 40 km/h를 m/s로 환산

$$v = \frac{40}{3.6} ≒ 11.1[\text{m/s}] \qquad ※ 근삿값이 되므로 v = \frac{40}{3.6} 으로 계산한다.$$

(1) 가속도

$$a = \frac{\Delta v}{t} \qquad \cdots\cdots (1)$$

(−) 부호는 감속을 나타낸다.

$$a_1 = \frac{40}{3.6} \times \frac{1}{5.0} ≒ 2.2[\text{m/s}^2] \qquad a_2 = \frac{-40}{3.6} \times \frac{1}{6.0} ≒ -1.9[\text{m/s}^2]$$

(2) 가속도로 거리를 구한다.

$$s = v_0 t + \frac{1}{2}at^2 \qquad \cdots\cdots (2)$$

$$s_1 = \frac{1}{2} \times 2.2 \times 5.0^2 = 27.5[\text{m}] \qquad s_2 = \frac{40}{3.6} \times 6.0 + \frac{1}{2} \times (-1.9) \times 6.0^2 ≒ 32.5[\text{m}]$$

근삿값을 사용 　　　　　　　　　　　　　　　　　근삿값을 사용

(3) 계산 도중에 근삿값 사용하지 않고 속도변화로부터 거리를 구한다.

$$s = v_0 t + \frac{1}{2}\Delta v t \qquad \cdots\cdots (3) \qquad ※ 식 (2)에서 at 대신에 \Delta v를 대입$$

$$s_1 = \frac{1}{2} \times \frac{40}{3.6} \times 5.0 ≒ 27.8[\text{m}] \qquad s_2 = \frac{40}{3.6} \times 6.0 + \frac{1}{2} \times \frac{-40}{3.6} \times 6.0 ≒ 33.3[\text{m}]$$

(2)와 (3)의 결과가 다른 것은 근삿값 사용법의 차이

등가속도 운동의 계산 예 ②
- 그래프로 풀기

앞 절에서 등속도 운동과 등가속도 운동의 기본을 설명했다. 복습하는 의미에서 다음의 연습문제를 풀어보자.

예제

1 m/s로 등속도 운동을 하고 있는 물체가 P점을 통과하고 나서 4초 후에 1 m/s²의 등가속도로 6초간 운동하고, 다음으로 2 m/s²의 등가속도로 4초간 운동하여 Q점을 통과하였다.

(가) Q점에서의 속도를 구하라.

(나) P점부터 Q점까지의 거리를 구하라.

문제 풀이의 포인트

예제문을 읽고 간단한 그래프나 그림으로 나타내보자. 보통은 오른쪽의 시간-속도 그래프를 사용할 수 있다는 것을 알 수 있다. 속도 v_1, v_2의 변수의 기호는 어떻게 정하든 상관없지만, 일반적으로 사용하는 기호가 무난하다.

(가) Q점에서의 속도를 구하기

그래프를 보면 v_1은 식 (1)에서 v_2는 식 (2)로 바로 구할 수 있을 것이다. 등가속도 운동의 공식과 관련된 것은 $v = v_0 + at$이다. 식 (2)의 15 m/s가 (가)의 답이 된다.

(나) P점에서 Q점까지의 거리 구하기

시간-속도 그래프에서는 둘러싸인 면적이 이동한 거리를 나타낸다. ①의 직사각형 면적이 등속 운동 부분의 거리이며, ②의 면적이 1 m/s²의 등가속도로 이동한 거리, ③의 면적이 마지막 구간의 거리이다. ②와 ③은 사다리꼴의 면적으로 구할 수 있다. 마지막 식 (3)에서 ①, ②, ③의 면적을 더한 것이 P점에서 Q점까지의 이동거리가 된다.

그래프 그리기

시간 - 속도 그래프

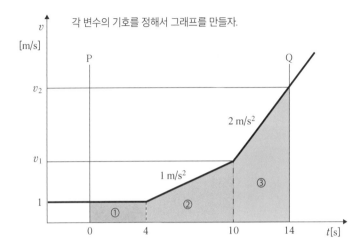

각 변수의 기호를 정해서 그래프를 만들자.

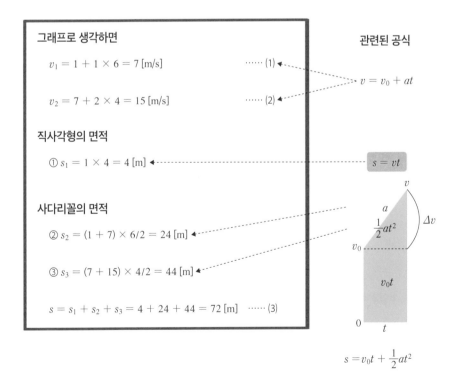

그래프로 생각하면

$v_1 = 1 + 1 \times 6 = 7 \, [\text{m/s}]$ ······ (1)

$v_2 = 7 + 2 \times 4 = 15 \, [\text{m/s}]$ ······ (2)

직사각형의 면적

① $s_1 = 1 \times 4 = 4 \, [\text{m}]$

사다리꼴의 면적

② $s_2 = (1 + 7) \times 6/2 = 24 \, [\text{m}]$

③ $s_3 = (7 + 15) \times 4/2 = 44 \, [\text{m}]$

$s = s_1 + s_2 + s_3 = 4 + 24 + 44 = 72 \, [\text{m}]$ ······ (3)

관련된 공식

$v = v_0 + at$

$s = vt$

$s = v_0 t + \dfrac{1}{2} a t^2$

2-10 중력에 의한 수직 아래 방향의 운동
– 자유낙하

손에 들고 있던 공을 놓으면 아래 방향으로 낙하한다. 이것은 지구상의 어디서나 똑같이 일어나는 현상이다. 역학에서는 '가장 자연스럽고 자유로운 운동'이라는 의미로 **자유낙하**라고 부른다. 실제로는 지구와 공이 서로에게 영향을 끼치는 상호작용이지만, 우리에게는 지구가 공을 끌어당기는 것처럼 보인다. 공은 등가속도로 낙하하므로, 이 가속도를 **중력 가속도**라고 부른다.

그럼 중력 가속도의 크기는 어느 정도일까? 과학실험으로 그림 1과 같이 추를 낙하시켜 일정한 시간 간격으로 낙하 거리를 측정한 적이 있을 것이다. 이 낙하 거리로 시간-거리 그래프를 그릴 수 있다(①). ①의 그래프에서 시간당 평균 속도를 구하면, 시간-속도 그래프를 그릴 수 있다(②). 그리고 ②의 그래프로 시간당 속도변화를 구하면 가속도를 알 수 있다. 이것으로부터 시간-가속도 그래프를 그릴 수 있다(③). 이상적인 가속도는 거의 일정한 수치이며, 이것이 중력 가속도 g이고 $9.8 \, \text{m/s}^2$이다.

그림 2는 자유낙하 운동에서 사용되는 공식을 모은 것이다. 자유낙하 운동은 등가속도 운동이므로, 2-7절의 등가속도 운동의 공식으로 가속도 a를 중력 가속도 g, 거리 s를 높이 h로 대체하여 초기 속도 $v_0 = 0$으로 한 것이다.

식 (1) $v = gt$와 식 (2) $h = \frac{1}{2}gt^2$은 시간을 가로축으로 한 그래프와 관련시켜서 기억하기 쉽다. 그러나 식 (3) $v^2 = 2gh$와 $v = \sqrt{2gh}$는 시간을 변수로 갖지 않으므로 그래프에서 직접 구할 수 없다. 식 (3)은 2-7절의 시간-속도 그래프에서 사다리꼴 면적을 구한 공식에 대응한다. 이 결과는 식 (1)의 좌변을 t에 대한 형식으로 변형하여 식 (2)의 t에 대입하여도 구할 수 있다.

그림 1 자유낙하 운동 그래프

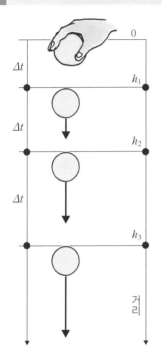

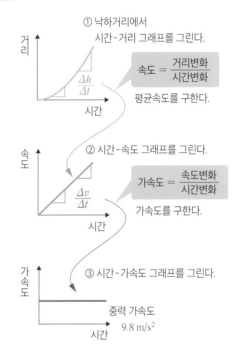

① 낙하거리에서 시간-거리 그래프를 그린다.

거리

$$\frac{\Delta h}{\Delta t}$$

시간

$$속도 = \frac{거리변화}{시간변화}$$

평균속도를 구한다.

② 시간-속도 그래프를 그린다.

속도

$$\frac{\Delta v}{\Delta t}$$

시간

$$가속도 = \frac{속도변화}{시간변화}$$

가속도를 구한다.

③ 시간-가속도 그래프를 그린다.

가속도

중력 가속도
9.8 m/s^2

시간

그림 2 자유낙하 운동 공식

등가속도 운동의 공식에서
가속도 a를 중력 가속도 g로 치환한다.
거리 s를 높이 h로 치환한다.
초기 속도 $v_0 = 0$으로 한다.

중력 가속도
$g = 9.8 \text{ m/s}^2$

$$v = gt \qquad \cdots\cdots (1)$$

$$h = \frac{1}{2}gt^2 \qquad \cdots\cdots (2)$$

$$v^2 = 2gh$$
이므로
$$v = \sqrt{2gh} \qquad \cdots\cdots (3)$$

식 (3)은 식 (1)에서
$$t = \frac{v}{g} \quad \cdots\cdots(1)'$$
이것을 식 (2)의 t에 대입하면
$$h = \frac{1}{2}gt^2 = \frac{1}{2}g\frac{v^2}{g^2} = \frac{v^2}{2g}$$
$$\therefore v^2 = 2gh$$
이것을 변형하여
$$v = \sqrt{2gh}$$

2-11 공의 투하와 투척
– 수직 방향의 가속도 운동

손목 힘을 이용하여 공을 아래로 던지는 장면을 생각해 보자(그림 1). 이 운동은 2-7절의 등가속도 운동의 공식에서 가속도 a를 중력 가속도 g에, 거리 s를 높이 h로 치환하여 초기 속도 v_0를 가진 수직 낙하 운동이다. 식 (1), (2), (3)이 **수직 아래 방향으로 던진 물체(투하)에 대한 공식**이다.

그림 2는 반대로 초기 속도 v_0로 공을 위로 던져 올리는 그림이다. 위쪽 방향을 양(＋)이라고 한다면, 중력 가속도는 아래 방향이 되기 때문에 던져 올릴 때의 공의 운동 방향과 반대 방향으로 중력 가속도가 작용한다. 이 경우 중력 가속도가 음(−)이 되므로 그림 1의 식 (1), (2), (3)의 **g를 −g로 치환한 것이 수직 위로 던진 물체(투척)의 운동 공식**이다.

공을 아래로 던질 때는 바닥이나 장애물에 닿을 때까지 아래 방향으로 등가속도 운동이 계속된다. 그러나 수직 위로 던져 올린 공은 정점에 도달하면 아래쪽을 향한 자유낙하 운동으로 바뀐다.

그러면 '위로 던져 올려서 정점까지를 투척의 공식으로, 정점에서부터는 자유낙하의 식을 사용하는가?'라고 생각하면 안 된다. 틀린 것은 아니지만 그림 2의 투척 식 (1) $v = v_0 - gt$에서 우변의 두 번째 항의 값이 시간이 갈수록 점점 커지면 물체의 속도는 정점에서 v가 제로가 되고, 그 후로는 음(−)의 값을 가지게 된다. 이때 음의 속도 값은 자유낙하에서 아래 방향으로 떨어지는 물체의 속도이다. 식 (2) $h = v_0 t - \frac{1}{2}gt^2$ 수식 또한 우변의 두 번째 항의 값이 시간이 갈수록 증가함에 따라 h의 증가분이 점점 작아집니다. h가 최대일 때가 정점의 높이이고, 그 후에는 자유낙하로 h가 감소한다. 그 상태로 운동을 계속하면 h는 음이 되고 이때 공은 처음 던져 올린 지점의 높이보다 더 아래에 있음을 의미한다.

그림1 수직투하의 공식

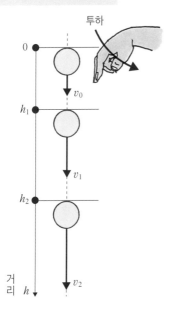

등가속도 운동의 공식에서 가속도 a를
중력 가속도 g로 치환한다.
거리 s를 높이 h로 치환한다.

$$v = v_0 + gt \qquad \cdots\cdots (1)$$

$$h = v_0 t + \frac{1}{2}gt^2 \qquad \cdots\cdots (2)$$

$$v^2 - v_0^2 = 2gt \qquad \cdots\cdots (3)$$

그림2 수직투척의 공식

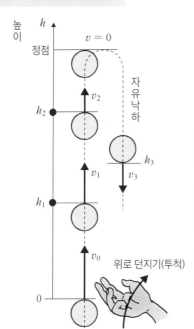

중력 가속도는 초기 속도와
반대 방향으로 움직이므로 $-g$로 한다.

다음 식은 정점에 도달한 후의
자유낙하에 적용할 수 있다.

$$v = v_0 - gt \qquad \cdots\cdots (1)$$

$$h = v_0 t - \frac{1}{2}gt^2 \qquad \cdots\cdots (2)$$

$$v^2 - v_0^2 = -2gh \qquad \cdots\cdots (3)$$

투하·투척의 예제
– 수치 계산의 예

앞 절의 투하·투척의 공식을 사용하여 다음 예제를 풀어보자. 단, 중력 가속도 g는 $10\ \text{m/s}^2$로 가정한다.

예제 1

그림 1과 같이 빌딩 3층 12 m 높이에서 초기 속도 8.0 m/s로 수직으로 투하한 공이, 지상에 도달할 때까지의 ① 시간과 그때의 ② 속도를 구하라.

문제 풀이의 포인트

이 예제의 조건에서는 식 (1) $v = v_0 + gt$에서 t와 v가 미지수이다. 식 (2) $h = v_0 t + \dfrac{1}{2}gt^2$의 미지수는 t뿐이지만, t의 2차 함수가 되므로 복잡해진다. 식 (3) $v^2 - v_0^2 = 2gh$에서 미지수는 v뿐이다. 이 문제를 해결하기 위해 우선 식 (3)에서 속도 v를 구하고, 그 답을 식 (1)에 대입하여 시간 t를 구하는 것이 좋다. 문제를 풀 때 특히 식 (3)과 식 (1)의 정리에 주의하자. 제곱근은 계산기로 간단하게 구하거나 다음 절에서 설명할 루트($\sqrt{}$) 값은 구하는 방법을 참고하여 계산하자.

예제 2

초기 속도 14 m/s로 수직으로 투척한 공에 대해, ① 정점의 높이 ② 정점에서의 소요시간 ③ 던지고 나서 2초 후의 속도 ④ 그때의 높이를 구하라.

문제 풀이의 포인트

위로 던지는 운동에서 정점에서 속도는 0이 된다. ① 정점의 높이는 식 (3) $v^2 - v_0^2 = -2gh$를 이용하면 쉽게 구할 수 있다. 소요시간 t는 식 (1) $v = v_0 - gt$를 이용하여 구한다. ③ 임의의 시각에 대한 속도는 식 (1)에 대입하여 구한다. ④ 높이는 식 (2) $h = v_0 t - \dfrac{1}{2}gt^2$과 (3) 어느 쪽을 이용해도 구할 수 있다. 해답의 예에서는 식 (3)을 이용하여 높이를 구하였다.

그림 1 예제 1 풀이 방법

수직투하의 공식

$$v = v_0 + gt \quad \cdots\cdots (1)$$

$$h = v_0 t + \frac{1}{2} gt^2 \quad \cdots\cdots (2)$$

$$v^2 - v_0^2 = 2gt \quad \cdots\cdots (3)$$

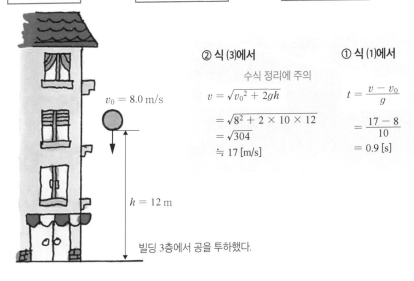

$v_0 = 8.0 \text{ m/s}$

$h = 12 \text{ m}$

빌딩 3층에서 공을 투하했다.

② 식 (3)에서

수식 정리에 주의

$$v = \sqrt{v_0^2 + 2gh}$$
$$= \sqrt{8^2 + 2 \times 10 \times 12}$$
$$= \sqrt{304}$$
$$\fallingdotseq 17 \text{ [m/s]}$$

① 식 (1)에서

$$t = \frac{v - v_0}{g}$$
$$= \frac{17 - 8}{10}$$
$$= 0.9 \text{ [s]}$$

그림 2 예제 2 풀이 방법

수직투척의 공식

$$v = v_0 - gt \quad \cdots\cdots (1)$$

$$h = v_0 t - \frac{1}{2} gt^2 \quad \cdots\cdots (2)$$

$$v^2 - v_0^2 = -2gh \quad \cdots\cdots (3)$$

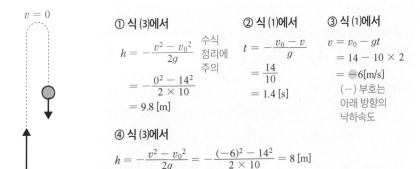

$v = 0$

$v_0 = 14 \text{ m/s}$

① 식 (3)에서

수식 정리에 주의

$$h = -\frac{v^2 - v_0^2}{2g}$$
$$= -\frac{0^2 - 14^2}{2 \times 10}$$
$$= 9.8 \text{ [m]}$$

② 식 (1)에서

$$t = -\frac{v_0 - v}{g}$$
$$= \frac{14}{10}$$
$$= 1.4 \text{ [s]}$$

③ 식 (1)에서

$$v = v_0 - gt$$
$$= 14 - 10 \times 2$$
$$= -6[\text{m/s}]$$

(−) 부호는
아래 방향의
낙하속도

④ 식 (3)에서

$$h = -\frac{v^2 - v_0^2}{2g} = -\frac{(-6)^2 - 14^2}{2 \times 10} = 8 \text{ [m]}$$

③과 ④는 정점을 지난 자유낙하 운동

루트를 직접 벗겨보자
─ 개평법

제곱근을 직접 벗기는 **개평법**이라는 퍼즐 감각의 계산 방법에 대하여 알아보자. 앞 절에서 제시한 속도계산 '304의 제곱근'을 예로 들어보면 오른쪽 페이지에 계산절차를 나타내었다. 복잡해 보이지만 실제로 풀어보면 생각보다 간단하다. 계산은 주연산(A 영역)과 부연산(B 영역) 두 부분으로 나누어서 생각해 보자.

⑴ 첫 번째 준비로 루트 안의 수 304를 소수점 이상과 소수점 이하로 두 자리마다 끊어준다. 304는 정수이므로 304.0000으로 쓸 수 있다.

⑵ B 영역에서 ○ 안에 제곱해서 A 영역의 100의 자릿수인 3 이하가 되는 최대의 수를 찾아서 세로로 숫자를 넣는다. 이 경우는 ①이고, 이 값은 A 영역 위에 ① 10의 자리에 기입한다.

⑶ B 영역에서 제곱한 수 ①을 세로로 더하여 아래에 쓰고 ① + ① = 2, A 영역에는 100의 자릿수 3에서 제곱한 수(① × ① = 1)를 빼서 3 − (① × ①) = 2 그 아래 자리에 쓴다.

⑷ A 영역에서 10의 자릿수 2자리 04를 2 옆으로 내리면 204가 된다.

⑸ B 영역에서 2 다음 □에 한 자릿수를 추가하여 2□ × □가 204 이하가 되는 최대의 수를 대입한다(이때 두 □에 들어갈 수는 같아야 한다). 이 경우는 '7'이고 이것이 근의 1의 자리숫자입니다. 그리고 순서 ⑶으로 돌아가서, B 영역에서 덧셈으로 27+7=34, A 영역에서는 204에서 27 × 7을 빼서 (204 − 189 = 15) 그 값 15를 아래에 쓴다.

다음은 순서 ⑷로 15 뒤에 소수점 이하 두 자리를 내리고 반복하여 진행한다. 이러한 반복 작업은 구하는 값이 소수점 몇 자리를 요구하느냐에 따라 반복하여 진행하면 된다. 두 자리로 끊은 ○나 □나 △에는 0부터 9의 1자리 숫자가 들어가며, 이 방법에 익숙해지면 퍼즐 감각으로 루트를 열 수 있게 된다.

루트를 직접 벗기자

2-12절 예제 1의 속도

$$v = \sqrt{v_0{}^2 + 2gh}$$

$$v = \sqrt{8^2 + 2 \times 10 \times 12}$$

$$= \sqrt{304}$$

$$\fallingdotseq 17 \,[\text{m/s}]$$

이것을
열어보자.

개평법 전체

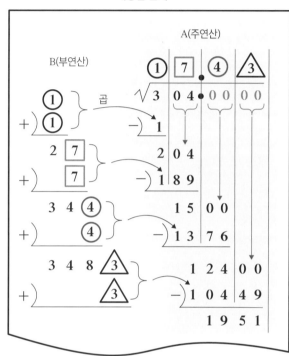

개평의 순서

(1) 소수점을 중심으로 2자리마다 끊는다.

2자리마다 끊는다.

(2) ○의 제곱의 값이 3 이하가 되는 최대인 수 ○를 찾는다.

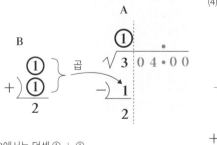

(3) B에서는 덧셈 ① + ①,
A에서는 3에서 ① × ①을 뺀다.

(4) A에서 다음의
두 자리를 내린다.

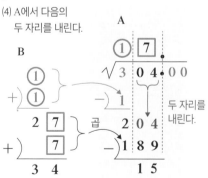

두 자리를
내린다.

(5) 2□ × □가 204 이하에서 최대인 수를 찾는다.

비스듬하게 던진 공은 어떻게 될까?
– 포물선 운동

서로 조금 떨어진 거리에서 캐치볼을 할 때, 공이 중력에 의해 아래로 떨어지는 높이를 예상하고 약간 위쪽으로 공을 던지게 된다. 이것을 역학에서는 **포물선 운동**이라고 한다. 그림 1과 같이 공을 비스듬하게 위로 던지면 포물선 궤도를 그린다. 각도 x축과 이루는 **각도(투사각)** θ, 초기 속도 v_0로 던진 물체(공)가 어떤 운동을 하는지 생각해 보자. 이때 물체의 운동은 공기에 저항을 받지 않는다고 가정한다.

포물선 운동 문제를 해결하는 방법의 철칙은 포물선 운동을 **수평 방향과 수직 방향으로 나누어서 생각하는 것**이다. 그러면 수평 방향은 등속도 운동이 되고, 수직 방향은 수직 위로 던져진 물체의 운동(투척)이라고 생각할 수 있다.

그림 2에서 **포물선 운동**의 식을 생각해 보자.

① 우선 초기 속도 v_0를 식 (1) 수평 방향의 속도 $v_{0x} = v_0 \cos\theta$와 식 (2) 수직 방향의 속도 $v_{0y} = v_0 \sin\theta$으로 나눈다. 이것이 포물선 운동의 핵심이다. 여기서 **삼각함수**, $\cos$(코사인)과 $\sin$(사인)을 이용하여 수평 방향과 수직 방향의 속도 성분을 표시할 수 있다. 여기서 ①의 직각삼각형 변의 길이 비를 나타내는 값으로 밑변/빗변 $= \cos\theta$, 높이/빗변 $= \sin\theta$을 사용하며 그 비를 나타내는 기호로 $\cos\theta$와 $\sin\theta$를 활용한다. 포사체의 초기 속도 v_0는 수평 방향의 속도 v_{0x}와 수직 방향의 속도 v_{0y}를 구분한다. 수평 방향의 속도 v_{0x}의 식 (1)과 수직 방향의 속도 v_{0y}의 식 (2)로의 변형이 가능하다.

② 수평 방향에는 운동을 방해하는 외부의 힘이 없으므로, 속도 v_{0x}인 등속도 운동으로서 식 (3) $v_x = v_{0x}$와 식 (4) $x = v_{0x}t$로 속도와 수평 이동거리를 표현할 수 있다.

③ 수직 방향은 수직투척 운동의 공식에서 v_0를 v_{0y}로 치환하고, 식 (5) $v_y = v_{0y} - gt$, 식 (6) $y = v_{0y}t - \dfrac{1}{2}gt^2$, 식 (7) $v_y^2 - v_{0y}^2 = -2gy$로 나타낼 수 있다.

그림 1 비스듬하게 던져 올린 공의 운동

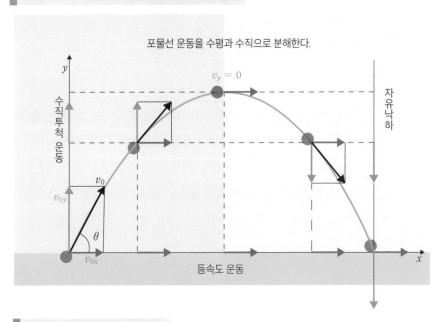

그림 2 포물선 투사의 식

① 투사각 θ의 초기 속도 v_0를 수평 방향 v_{0x}와 수직 방향 v_{0y}로 분해한다.

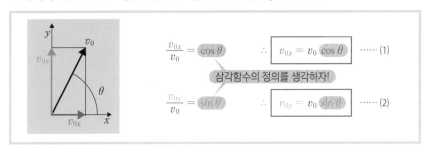

$$\frac{v_{0x}}{v_0} = \cos\theta \qquad \therefore \quad \boxed{v_{0x} = v_0 \cos\theta} \quad \cdots\cdots (1)$$

삼각함수의 정의를 생각하자!

$$\frac{v_{0y}}{v_0} = \sin\theta \qquad \therefore \quad \boxed{v_{0y} = v_0 \sin\theta} \quad \cdots\cdots (2)$$

② 수평 방향은 등속도 운동

$$\boxed{v_x = v_{0x}} \quad \cdots\cdots (3)$$

$$\boxed{x = v_{0x}t} \quad \cdots\cdots (4)$$

③ 수직 방향은 수직투척 운동

$$\boxed{v_y = v_{0y} - gt} \quad \cdots\cdots (5)$$

$$\boxed{y = v_{0y}t - \frac{1}{2}gt^2} \quad \cdots\cdots (6)$$

$$\boxed{v_y{}^2 - v_{0y}{}^2 = -2gy} \quad \cdots\cdots (7)$$

삼각함수를 피해갈 수는 없다
– 삼각함수의 기본

앞 절에서 속도의 분해에 삼각함수인 $\cos \theta$과 $\sin \theta$를 사용하였다. 이 **삼각함수야말로 역학을 어렵게 느끼게 하는 가장 큰 원인**이 아닐까 생각한다. 삼각함수는 앞으로도 종종 등장할 것이므로, 여기서 기본적인 사항에 대해 알아두자.

삼각함수는 **직각삼각형의 두 변 길이의 비를 하나의 각도의 함수로 나타낸 것이다.** 그림의 ①에서 반경 $a = 1$의 원을 단위원이라고 한다. a를 수평축에 대하여 θ만큼 회전시켰을 때의 수평 길이를 c, 수직 길이를 b로 하여 $\sin \theta = \dfrac{b}{a}$, $\cos \theta = \dfrac{c}{a}$, $\tan \theta = \dfrac{b}{c}$로, 각 변들의 비를 정의한다. 삼각함수에서 위의 비로부터 $\tan \theta = \dfrac{\sin \theta}{\cos \theta}$의 관계가 있음을 알 수 있다. 예전에는 그림처럼 sin, cos, tan의 각 변을 영어 소문자 s, c, t 필기체를 그리는 방향을 삼각형으로 변에 대응시켜 기억하였다.

몇 가지 주의 사항도 알아두자. ②와 같이 θ의 위치가 바뀐 경우에는 주의가 필요하다. sin은 삼각형의 긴(장) 변에서 시작하여 θ의 대각을 감싸며 짧은(단) 변에 이르는 두 변의 비를 나타내므로 장변을 분모로 하고 단변을 분자로 한 $\dfrac{b}{a}$의 값이다. cos은 삼각형의 긴(장) 변에서 시작하여 θ를 감싸며 짧은(단) 변에 이르는 두 변의 비를 나타내므로 장변을 분모로 하고 단변을 분자로 하여 $\dfrac{c}{a}$로 나타낼 수 있다. 마지막으로 tan는 각 θ를 포함하는 단변에서 나와서 직각을 감싸며 다른 단변에 이르는 두 변의 비를 나타내므로 $\dfrac{b}{c}$로 나타낼 수 있다고 기억하자. ③에 한 각이 30, 45, 60도의 익숙한 직각삼각형에 대한 변의 비를 사용한 $0°{\sim}90°$의 삼각함수의 값을 표로 나타내었다. $\tan 90°$는 분모에 해당하는 변의 길이가 0이므로 나눗셈으로 정의되지 않는다.

삼각함수는 처음부터 그림을 그리고, 그 변이 삼각형의 어느 부분에 해당하는지를 명확하게 하는 것이 포인트이다.

원포인트 삼각함수

① 삼각함수의 기본과 기억법

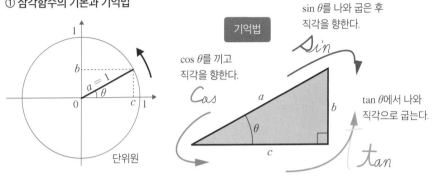

기억법

sin θ를 나와 굽은 후
직각을 향한다.

cos θ를 끼고
직각을 향한다.

tan θ에서 나와
직각으로 굽는다.

단위원

$$\sin \theta = \frac{b}{a} \qquad \cos \theta = \frac{c}{a} \qquad \tan \theta = \frac{b}{c} \qquad \tan \theta = \frac{\sin \theta}{\cos \theta}$$

② θ의 위치에 주의하자.

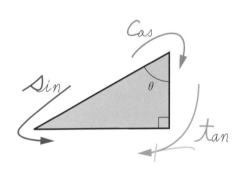

③ 익숙한 삼각형 변의 비

θ	$\sin \theta$	$\cos \theta$	$\tan \theta$
0°	0/1	1/1	0/1
30°	1/2	$\sqrt{3}/2$	$1/\sqrt{3}$
45°	$1/\sqrt{2}$	$1/\sqrt{2}$	1/1
60°	$\sqrt{3}/2$	1/2	$\sqrt{3}/1$
90°	1/1	0/1	∞

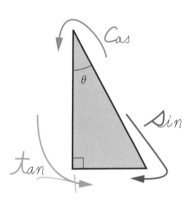

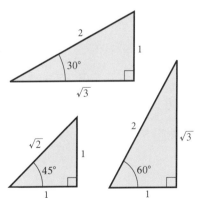

공을 멀리 던지는 투사각은 45°
– 포물선 운동의 예제

공을 멀리 던지려고 할 때 공기와 같이 공의 운동을 방해하는 것이 없다면, 가장 멀리까지 날릴 수 있는 각도(투사각)가 45°라고 어디선가 들어본 적이 있을 것이다. 이것을 포물선 운동의 식으로 생각해 봅시다.

① 그림과 같이 던진 점 O와 착지점 P가 같은 평면이라고 하고, 필요한 조건을 다음과 같이 정한다. 초기 속도 v_0, 투사각 θ, 높이 h, 수평도달거리 s. 초기 속도는 수평 방향 v_{0x}와 수직 방향 v_{0y}로 분해한다.

② 2-14절의 포물선 운동의 식 (4) $x = v_{0x}t$와 식 (6) $y = v_{0y}t - \dfrac{1}{2}gt^2$로부터, 수평도달거리를 구하는 식 (1) $s = v_0 \cos\theta \cdot t$와 높이를 구하는 식 (2) $h = v_0 \sin\theta \cdot t - \dfrac{1}{2}gt^2$을 만들 수 있다.

③ 착지점 P에서는 공의 높이 h가 0이 되고, 식 (2)의 h를 0으로 하여 공이 날아간 시간 t를 구하는 식 (3) $t = \dfrac{2v_0 \sin\theta}{g}$를 만들 수 있다.

④ ③에서 구한 시간 t를 식 (1)에 대입하면, 최대 도달거리를 구하는 식 (4) $s = \dfrac{v_0{}^2 \sin 2\theta}{g}$를 만들 수 있다.

⑤ 식 (4)에서 s가 최대가 되는 것은 $\sin 2\theta = 1$일 때이므로 $2\theta = 90°$, 즉 $\theta = 45°$가 s를 최대로 하는 투사각이 된다.

이 풀이 방법에서는 ④에서 식 (1)에 t를 대입하여 식 (4)로 변형할 때, **배각의 공식**이라는 삼각함수 특유의 공식을 사용한다. 배각의 공식이란 **2개의 삼각함수 sin θ와 cos θ가 곱으로 주어질 때 sin θ만의 함수식으로 바뀌는 공식**으로, 두 개의 미지수 또는 변수를 하나로 묶을 수 있는 편리한 공식이다.

투사각 45°에서 최대 도달거리

① 공이 가장 멀리 가는 투사각을 구하라.

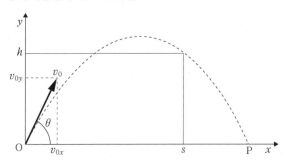

초기 속도 v_0

투사각 θ

높이 h

수평도달거리 s

$v_{0x} = v_0 \cos \theta$

$v_{0y} = v_0 \sin \theta$

② 수평도달거리와 높이를 구하는 식

$s = v_0 \cos \theta \cdot t$ ······ (1)

$h = v_0 \sin \theta \cdot t - \dfrac{1}{2}gt^2$ ······ (2)

③ 공이 공중을 날고 있는 시간

착지점 P에서 $h = 0$이므로, 식 (2)로부터

$0 = v_0 \sin \theta \cdot t - \dfrac{1}{2}gt^2$

$\quad = v_0 \sin \theta - \dfrac{1}{2}gt$

$\therefore t = \dfrac{2v_0 \sin \theta}{g}$ ······ (3)

공이 공중을 날고 있는 시간

배각의 공식
$\sin 2\theta = 2\sin \theta \cdot \cos \theta$

④ 최대 도달거리를 구한다.

식 (3)을 식 (1)에 대입하여

$s = v_0 \cos \theta \dfrac{2v_0 \sin \theta}{g}$

$\quad = \dfrac{v_0{}^2 \sin 2\theta}{g}$ ······ (4)

sin과 cos의 곱이 있으므로,
sin 함수만으로 바뀌는
'배각의 공식'을 사용한다.

⑤ 식 (4)로부터 투사각을 구한다.

$\sin 2\theta = 1$일 때 s가 최대이므로,

$2\theta = 90°$

$\therefore \theta = 45°$

$\sin 90° = 1$

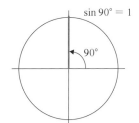

롤러코스터의 스피드는?
- 경사면의 운동

놀이동산에서 가장 인기가 있는 롤러코스터는 외부 동력으로 정상까지 올라가는데, 그 다음에는 중력의 힘으로 엄청난 스피드로 내려오면서 짜릿함과 즐거움을 선사한다.

코스와 지면과의 각도가 크고 경사가 심한 곳일수록 속도가 더 나서, 모험과 스릴을 만끽할 수 있게 된다.

심리적인 면은 차치하고 코스의 각도가 클수록 속도가 더 많이 나는 것은 경험자라면 누구나 알고 있을 것이다. 그러면 이 '각도가 클수록 스피드가 더 난다'는 이유를 이 책에서 지금까지 알아보았던 내용을 바탕으로 설명해달라고 한다면, 당신은 어떻게 설명할 수 있을까? 생각해 보자.

오른쪽 페이지에 요점을 정리하여 간단한 포인트만을 적었으니 세부적인 내용은 잘 생각하여 문제를 설명해 보자.

그림의 ①에서 롤러코스터가 높은 지점에서 아래로 받는 중력 가속도 g로 인해 경사면을 따라 작용하는 가속도 성분을 분해하여 경사면을 따라 내려가는 가속도 a를 구한다. 그렇다면 왜 경사면과 수직인 방향의 성분은 고려하지 않는 것일까? 그 이유는 운동하는 방향이 경사면을 따라 내려가는 방향뿐이기 때문이다. 즉, 경사면에 수직 방향으로 운동이 없기 때문이다.

①에서 경사면의 각도 θ는 레일의 경사와 수평면이 이루는 각으로, g를 경사면 방향과 경사면의 수직 방향으로 성분을 나눌 때 θ의 위치를 잘 아는 것이 중요하다. θ를 잘못 선택하면 결과는 다르게 나타나므로 그림 ②를 참고하여 θ의 위치를 분명하게 알아두자. 여기서 우리가 예상하는 결과는 ③과 ④로부터 θ가 클수록 $\sin \theta$가 커지므로, 속도가 커진다는 것이다. 참고로 ⑤는 경사면 위를 이동하는 거리를 구하는 방법을 나타내었다.

하강하는 롤러코스터의 운동

① 속도를 생각하자.

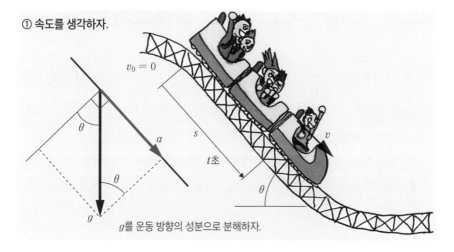

g를 운동 방향의 성분으로 분해하자.

② 각의 위치를 잘 모를 때는 알기 쉬운 그림으로 생각하자.

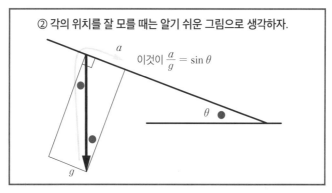

이것이 $\dfrac{a}{g} = \sin\theta$

③ 미끄러져 내려가는 가속도를 구하자.

$$\dfrac{a}{g} = \sin\theta \qquad \cdots\cdots (1)$$
$$\therefore a = \sin\theta \cdot g \qquad \cdots\cdots (2)$$

④ 가속도로부터 각도와 관련된
　미끄러지는 속도를 구할 수 있다.

$$v = at \qquad \cdots\cdots (3)$$
$$= \sin\theta \cdot gt \qquad \cdots\cdots (4)$$

⑤ 이것은 경사면을 이동하는 거리

$$s = \dfrac{1}{2}at^2 \qquad \cdots\cdots (5) \quad \text{따라서 } s = \dfrac{1}{2}vt \quad \cdots\cdots (5)'$$
$$= \dfrac{1}{2}\sin\theta \cdot gt^2 \qquad \cdots\cdots (6)$$

몸으로 느끼는 속도는 어느 정도인가?

본문에서도 언급했지만 속도를 감각으로 이해하려면, 1 m/s가 3.6 km/h라는 것을 기억해 두면 편리하다. 이 값은

- 기상청에서 발표하는 풍력계급표에서 풍력 1급은 풍속 0.3~1.5 m/s에 해당하는 바람의 세기이다. '바람의 방향은 연기가 움직이는 것을 보고 알 수 있지만, 풍향계로는 풍속을 알 수 없다'.

- 우리가 걷는 속도는 일반적으로 4 km/h라고 알려져 있는데, 1 m/s는 가볍게 산책하는 정도의 속도이다.

- 조금 빠른 운동의 경우 자전거의 종류에 따라 다르겠지만, 편하게 계속 페달을 밟을 때의 속도가 15 km/h = 4.2 m/s 정도이므로, 평균 속도 20 km/h = 5.6 m/s를 계속 유지하는 것은 좀 힘들 수도 있다.

- 우리 주변에서 특별한 체험을 할 수 있는 예는 야마나시현 후지큐 하이랜드의 롤러코스터 '도돈파'이다. 공식적으로 발표된 스펙은 시작 후 1.8초 만에 최고 속도 172 km/h = 47.8 m/s, 최대 가속도 4.25 G(중력 가속도의 4.25배)나 된다.

운동이나 역학의 소재는 우리 생활 주변에서 쉽게 찾아볼 수 있다. 이런 기회를 놓치지 않도록 간단한 환산에 익숙해지자.

3장

힘과 운동

물체 운동의 근원은 힘이다. 이 장에서는 힘의 작용에 의한 운동을 생각해 보자. 우리의 일상은 전철이나 자동차, 자전거 등 힘과 운동에 관계 있는 많은 소재로 가득하며, 이러한 일상적 체험을 역학적으로 생각해 보면 역학을 좀더 쉽게 이해할 수 있을 것이다.

자연계의 4가지 힘
– 접촉항력은 전자기력에 의해 생겨난다

1장에서 '힘은 물체의 형태나 운동을 변화시키는 것'이라고 설명했다. 이것은 **힘이 물체에 미치는 효과**에 대한 것이다. 그리고 중력 또는 무게는 '지구와 물체와의 상호작용, 즉 만유인력의 크기'라고 설명했다. 이것은 **힘의 발생원인**에 대한 것이다.

그림 1의 ①과 같이 자연계에는 네 가지의 힘이 있다. 앞에서 언급한 중력을 포함한 모든 힘은 상호작용하는 힘이다. 각각을 개략적으로 살펴보자.

전자기력은 전기나 자기가 분자 간에 **인력과 척력의 상호작용**을 일으켜, 분자간력을 형성한다.

약력은 전자기력보다 약한 상호작용으로, 원자핵 속의 양성자와 중성자에 작용하여 **양성자를 중성자로 교환하는 기능을 가진 힘**이다.

강력은 전자기력보다 강한 상호작용으로, **양성자와 중성자를 묶어서 원자핵을 만드는 힘이다. 양성자와 중성자 내에 존재하는 쿼크 사이를 강하게 연결하여, 중성자와 양성자가 형성될 수 있도록 하는 힘과 추가로 핵 내부에서 중성자와 양성자 사이에 작용하는 힘**을 모두 포함한다.

이 책에서 다루는 힘은 주로 중력과 전자기력을 바탕으로 하는 힘이다. 전자기력이라고 하면, 전기나 자기력만을 이야기한다고 생각하기 쉽다. 그림 ②의 책상 위에 놓인 책에 작용하는 중력은 책상을 누르는 힘을 만들어내고, 책상은 책을 수직으로 밀어내는 수직항력을 유발한다. 그렇다면 책상은 왜 **수직항력**을 만드는 것일까?

그림 2의 **1**과 같이 책상 분자는 전자기력에 의한 분자간력에 의해 규칙적으로 정렬되어 있다. 거기에 **2**와 같이 책상 위에 책이 놓여 힘을 작용하면, 책상 분자의 배열이 흐트러진다. 그러면 **분자간력이 분자의 배열을 원래대로 되돌리려고 한다.** 이때의 힘이 항력이 된다고 생각할 수 있다(실제로는 더욱 복잡하고 자세한 고찰이 필요하다). 즉, 항력은 분자의 배열을 되돌리려는 전자기력의 상호작용에 의해 얻어지는 힘이다.

그림1 자연계의 힘

① 4개의 힘

중력
　만유인력

전자기력
　분자간력

약력(약한 상호작용)
　양성자를 중성자로 교환한다.

강력(강한 상호작용)
　원자핵 구조를 유지한다.

② 책상 위의 책에 작용하는 중력

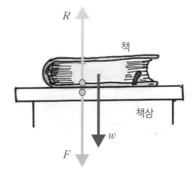

w: 책에 작용하는 중력(무게)
F: 책이 책상에 미치는 힘
R: 책상이 책에 미치는 수직항력

그림2 전자기력이 항력을 낳는다

1 책상 분자가 전자기력에 의한 분자간력에 의해 규칙적으로 정렬되어 있다.

2 힘 F를 받고, 흩어진 분자의 배열을 되돌리려는 힘이 항력 R을 낳는다.

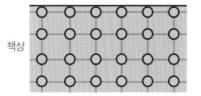

분자　　　—— 분자간력

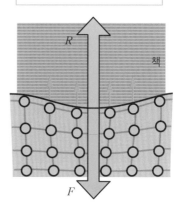

여러 가지 힘이 가해지는 형태
- 힘의 종류

앞 절에서 설명한 자연계의 4가지 힘은 **힘의 기원**이라고도 말할 수 있다. 우리가 실제로 체험하는 힘의 작용방식이나 이 책에서 앞으로 살펴보게 될 힘의 예를 오른쪽 그림에 정리하였다.

①의 **만유인력**은 서로 떨어져 있는 물체 사이에 작용하는 힘이므로 **비접촉력**이라고 부른다. 비접촉력과 반대로, 접촉하는 물체에 작용하는 힘을 **접촉력**이라고 부른다.

②는 외부로부터 물체에 주어지는 힘으로, 일반적으로 '힘'이라 하고 필요한 경우에는 '외력'이라고 부른다.

③에서 천장에 매달린 실이 추를 당기는 힘을 **장력**이라 한다. 그림의 장력은 지구가 추를 당기는 중력과 같다.

④의 **부력**은 수조 안에서 물체가 밀어낸 부피의 액체에 작용하는 중력과 같은 크기로, 물체에 대해 수직 위 방향으로 작용하는 힘이다.

⑤는 타이어의 회전이 지면에 구동력을 작용시키면, **마찰력**에 의해 타이어의 운동과 반대 방향의 반작용의 힘이 지면으로부터 타이어에 가해진다. 이 힘이 자동차를 앞으로 가게 하는 힘이 되는 것이다.

⑥의 **탄성력**은 외부의 힘에 의해 변형된 탄성체가 원래의 모양으로 돌아가려고 하는 복원력에 의해 생기는 힘이다. 힘의 크기는 변형의 크기에 의해 결정된다.

⑦은 ①~⑥까지가 지구의 관성계에서의 운동인 것에 반해, 추를 쥔 손 전체가 가속도 a로 운동하고 있는 경우이다. 지구의 관성계 안에서 다른 가속도 운동을 하는 계를 **비관성계**라고 한다. 이때 추는 비관성계에 의해 가속도 운동을 하므로 추의 관성에 의해 운동과 역방향의 힘을 가지게 되며, 이 힘을 **관성력**이라고 부른다.

우리가 체험하는 여러 가지 힘

m = 질량

① 만유인력

② 힘(외력)

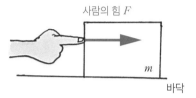

사람의 힘 F

m

바닥

③ 장력

④ 부력

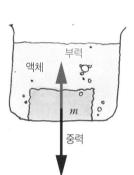

⑤ 마찰력

⑥ 탄성력

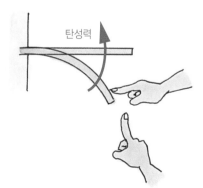

⑦ 관성력

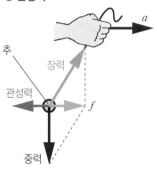

83

벡터의 합성과 분해
– 벡터의 작도법

제2장에서 속도를 분해한 것처럼 속도나 힘은 벡터로 자유롭게 합성·분해가 가능하다. 먼저 합성의 작도법에 대해 알아보자.

그림 1의 ①은 점 P에 작용하는 2개의 힘 F_1과 F_2를 합성하여 합력 F를 구하는, **힘의 평행사변형**이라고 부르는 작도법이다. 합성하려는 두 힘이, 서로 이웃하는 두 변이 되도록 평행사변형을 만든다. 그러면 그 대각선의 길이가 합력의 크기가 되고 점 P를 작용점으로 하는 합벡터가 된다.

②는 **힘의 삼각형**이라고 부르는 작도법이다. F_1을 기준으로 F_2의 작용점을 F_1의 화살 끝에 맞춘다. 그리고 점 P에서 F_2의 화살 끝을 향해 만든 벡터가 합력 F가 된다.

③은 점 P에 작용하는 복수의 힘의 합력을 구하는 **힘의 다각형**이라고 부르는 작도법으로, ②의 힘의 삼각형을 연결한 것이다. 처음에 임의의 한 힘을 기준으로 정한다. 그 다음 기준으로 한 벡터의 화살표 끝에 다른 힘의 작용점을 맞추듯이 평행 이동시킨다. 이것을 반복하여 마지막으로 평행 이동시킨 벡터의 끝을 향하여, 점 P에서부터 만든 벡터가 합력 F가 된다.

벡터의 분해는 합성과 반대순서로 생각하면 된다(그림 2의 ①). 하나의 힘을 분해하기 위해서는 분해할 두 가지 작용선을 정하여 분해하고 싶은 힘을 대각선으로 한 평행사변형을 만들면, 주어진 힘 F을 대각선으로 하는 두 변이 분해된 **분력**이 된다.

②는 캔의 원터치 뚜껑에 작용하는 힘에 대한 그림이다. 꼭 닫힌 뚜껑의 중앙을 누르면 간편하게 열리는 간단하지만 확실한 장치이다. 이 뚜껑은 두 개의 작용선의 각도가 수평에 가까워질수록 분해되는 힘이 커지는 것을 이용하였다.

그림 1 벡터의 합성

① 힘의 평행사변형

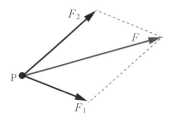

② 힘의 삼각형

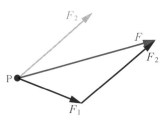

③ 힘의 다각형

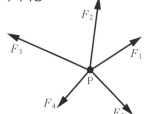

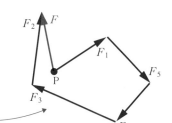

그림 2 벡터의 분해

① 벡터의 분해

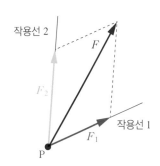

② 캔의 원터치 뚜껑

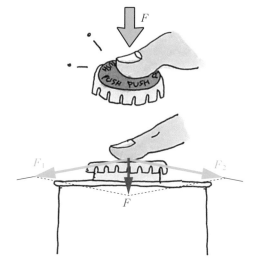

한 점에 작용하는 힘의 평형
– 합력이 제로(0)

하나의 점에 복수의 힘이 작용하고 있더라도, 힘의 효과가 전혀 나타나지 않고 그 질점이 정지해 있을 때 **힘이 평형을 이루고 있다**고 한다. 힘이 서로 평형을 이루었을 때, **점에 작용하는 합력의 크기는 제로(0)**이다.

그림 1의 ①에서는 점 P에 작용하는 힘 F_1과 F_2는 작용선과 크기가 동일하며 역방향으로 주어졌다. 이때 합력은 벡터의 합성으로 방향이 반대이고 크기가 같으므로 0이고, 두 개의 힘은 평형을 이루는 것이다.

②에서는 점 P에 세 개의 힘이 작용하고 있으며, 두 힘의 합력이 나머지 1개의 힘과 평형을 이루고 있으면 합력은 0이고 힘이 평형을 이룬다. 또 그 아래의 그림과 같이 벡터를 이동시켜서 화살표가 계속 빙글빙글 도는 상태가 되는 것을 **닫힌다**고 부르는데, 이 것도 합력이 0이 되는 경우이다. 이와 같이 ③에서는 점 P에 6개의 힘이 작용하고 있는데, 이 힘을 평행 이동함으로써 닫힌 육각형이 가능하다면 힘은 평형을 이루는 것이다.

그러면 힘의 평형 문제에 도전해 보자.

그림 2의 ①과 같이 천장의 두 점에 고정한 로프 A와 B가 점 P로 연결되어 있고, 수직 아래 방향의 힘 F를 받고 있다. 로프 A와 B에 생기는 장력에 대해 생각해 보자(힌트: ② 참조).

우선 점 P에서 F와 균형을 이루는 힘 $-F$를 생각하고, F와 같은 크기로 역방향의 힘을 그린다. 다음으로 로프 A와 B 선상에 힘을 분해하는 2개의 작용선을 연장하여 긋는다. 이렇게 해두지 않으면 아래 그림의 '**틀린 생각**'의 예와 같은 그림이 될지도 모른다. 이런 오류는 '천장이 있으므로 화살표가 천장에 부딪힌다'고 생각하기 때문인데, 이것은 잘못된 생각이다. 화살표는 힘의 벡터이므로 천장을 뚫고 나가도 상관없다. $-F$를 2개의 작용선에 평행사변형 법으로 분해한 장력 F_A와 F_B로 나타낸 위의 그림이 정답이다.

그림1 한 점에서 평형을 이루는 힘

① 두 힘의 평형

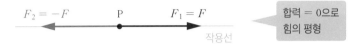

$$F_2 = -F \qquad \text{P} \qquad F_1 = F$$

작용선

합력 = 0으로
힘의 평형

② 세 힘의 평형

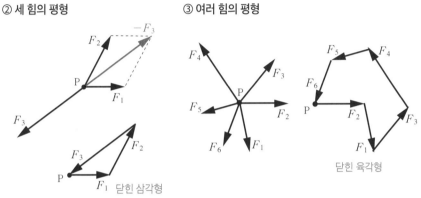

닫힌 삼각형

③ 여러 힘의 평형

닫힌 육각형

그림2 힘의 평형 예

① 로프 A, B에 생기는
장력을 구한다.

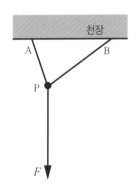

천장

② 두 개의 장력

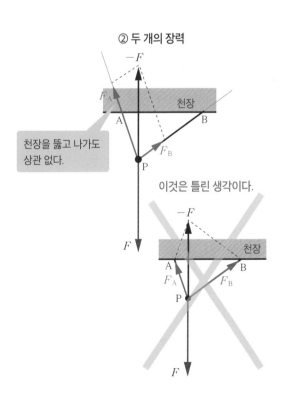

천장

천장을 뚫고 나가도
상관 없다.

이것은 틀린 생각이다.

천장

3-5 힘과 중력·무게(중량)의 단위
– N인가 kg인가?

힘의 단위인 [N](뉴턴)은 초나 미터와 같이 우리가 감각적으로 이해할 수 있는 단위가 아니므로 지금까지 자세하게 설명하지 않았다. 그 이유는 먼저 2장에서 설명한 가속도를 이해하는 것이 힘의 단위를 보다 확실하게 이해할 수 있기 때문이다.

N은 SI 단위의 조립단위이다(1-10절 참조). 힘의 정의 $F = ma$에서 질량 단위 kg과 가속도 단위 m/s^2를 곱한 kgm/s^2이 힘의 단위가 된다. 그러나 이것을 그대로 힘의 단위로 사용하는 것은 다소 복잡하고 비실용적이므로, 고유한 명칭을 가진 조립단위인 N을 힘의 단위로 정하였다.

정의는 1 N의 힘은 질량 1 kg의 물체에 1 m/s^2의 가속도를 갖게 할 수 있는 것이다 (그림 1). 그림에서 물체에 힘을 가할 때 표면의 마찰저항 등 운동을 방해하는 요소를 제거하기 위해 물체를 얼음 위에 놓았다.

N의 물리량으로서 기억해야 할 것은 그림 2의 ①에 나타낸 '질량 1 kg의 물체에 중력의 가속도가 작용하면, 물체에 9.8 N의 중력이 생기는 것'이다. 이는 **질량 1 kg의 물체에 미치는 중력은 9.8 N**이라는 의미이다. 단, 일상생활에서 사용하는 중량·무게는 대부분 중력을 의미하는데, N으로 표시하지 않고 kg으로 표시하는 것이 일반적이다. 참고로 전자체중계는 측정한 중력을 전자회로로 보정하여 kg으로 질량을 표시한다. 무게(중량)는 질량을 갖는 물체를 중력장에 두었을 때를 나타내는 값으로 단위는 중력의 단위 N이다.

②와 같이 일반적으로 물 1 L의 질량을 1 kg으로 나타내는데, '1 L의 물의 무게는 9.8 N'이라고 말해야 한다면, 일상생활에서 매우 불편할 것이다. 그래서 일상생활에서는 물 1 L의 무게를 1 kg이라고 해도 특별히 문제가 되지 않는 것이다. 역학의 세계에서는 질량과 무게를 엄밀히 구분해서 사용해야 한다. 무게는 지구와 달에서 중력의 세기에 따라 변할 수 있는 수치이기 때문이다.

그림1 1N의 힘이란

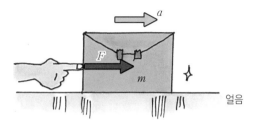

얼음

힘의 정의

$$F = ma[\text{N}]$$

1 N의 힘은 질량 1 kg의 물체에
1 m/s²의 가속도를 가하는 것

N ······ 고유의 명칭을 가진 조립단위

kgm/s² ······ 기본단위에 의한 조립단위

그림2 중력·중량·무게

① 중력

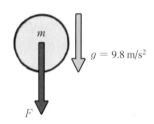

$g = 9.8 \text{ m/s}^2$

$$F = mg \quad g = 9.8 \text{ m/s}^2$$

질량 1 kg의 물체에 중력의
가속도가 작용하면…
물체에 9.8 N의 중력이 생긴다.

② 물의 무게

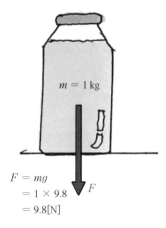

$m = 1 \text{ kg}$

$F = mg$
$\quad = 1 \times 9.8$
$\quad = 9.8[\text{N}]$

질량 1 kg인 물의 중력 9.8 N
······ 일상생활에서는 무게 1 kg의 물

운동의 상태는 유지된다
- 운동의 제1법칙

바닥에 놓인 물체에 외부에서 힘이 작용하지 않으면, 정지해 있는 물체는 계속 정지해 있다(그림 1의 ①). 또 ②의 컬링스톤과 같이 마찰이 없는 얼음판 위에 속도 v로 운동하고 있는 물체는, 외부에서 다른 힘을 받지 않는다면 등속도 운동을 계속 유지한다. 이 것을 **운동의 제1법칙**이라 하고, 물체가 현재의 운동 상태를 유지하려는 성질을 **관성**이라고 부른다. 운동의 제1법칙은 **관성의 법칙**이라고도 불린다.

운동하는 물체에 외부에서 작용하는 힘을 **외력**이라고 한다. 그러나 몇 가지 외력이 함께 작용하더라도 그 힘들이 서로 평형을 이루어 합력이 0이 된다면, 외력은 영향력을 잃고 물체의 상태(정지 또는 운동 상태)가 유지된다(③).

한편, 무게추를 단 끈을 잡은 팔을 세게 앞으로 밀면, 잠시 동안 추는 잡은 손의 뒤쪽으로 기울어진다(그림 2). 이것은 지면 위에 서 있는 사람이 추와 팔에 가속도 운동을 가하고 있기 때문이다. 이 운동을 **지상의 관성계 좌표**로 볼 경우와 **팔의 비관성계 좌표**로 볼 경우에는 힘을 해석하는 방법이 달라진다.

지상의 관성계에서 팔과 추의 운동을 보면, 추는 장력과 중력의 합력 f를 받아 가속도 a로 팔과 함께 운동하고 있다고 생각할 수 있다(①).

팔과 추의 비관성계 좌표에서 보면 추는 장력과 중력의 합력 f와 같은 크기의 힘을 받아 멈추어 있는 것처럼 보인다(②). 따라서 추가 정지한 채로 그 자리에 머무르려는 관성에 의해 힘이 작용하고 있는 것처럼 보이는 **겉보기의 힘**이다. 이 힘을 **관성력**이라 한다.

그림1　운동의 제1법칙

① 계속 정지해 있는 물체

바닥

② 등속도 운동을 계속하는 물체

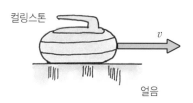

컬링스톤

v

얼음

③ 외력이 평형을 이룰 때 계속 정지해 있다.

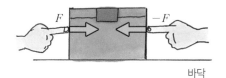

F 　　 $-F$

바닥

> 운동의 제1법칙은
> 관성의 법칙

그림2　관성력

① 지상의 관성계

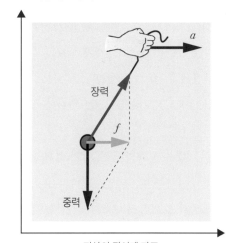

a

장력

f

중력

지상의 관성계 좌표

② 팔의 비관성계

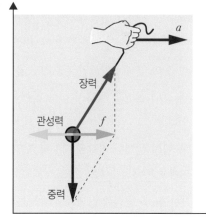

a

장력

관성력 　 f

중력

팔의 비관성계 좌표

힘과 질량과 가속도의 관계
– 운동의 제2법칙

물체에 외력이 작용하면 관성은 무너지고, 물체의 운동 상태가 바뀌어 **가속도가 생긴다**. 이때 **가속도의 크기는 외력의 크기에 비례하며, 물체의 질량에 반비례한다**. 이것을 **운동의 제2법칙**이라고 한다.

질량 m인 물체에 외력 F가 작용하여 가속도 a가 발생하는 것을 $ma = F$로 나타낼 수 있다(그림 1의 ①). 운동의 제2법칙을 나타낸 이 식을 **운동방정식**이라고 한다. 식 (1)의 좌변과 우변을 바꾸면, 식 (2)는 $F = ma$가 된다. 물체의 운동을 나타낼 때에는 식 (1)이 적합하고, 식 (2)는 힘의 정의로 사용한다(3-5절 참조).

지구상의 물체에는 수직 아래 방향으로 중력의 가속도가 작용하여 중력이 생긴다 (②). 물체의 중력 F는 질량을 m, 중력의 가속도를 g라고 하면, 식 (2)로부터 $F = mg$로 나타낼 수 있다. 단, 일상 생활에서는 질량을 '무게'라고 말하므로, 중력의 크기를 나타내는 중량을 강조하고 싶을 때는 **양을 표시하는 기호**인 w를 사용한다.

그렇다면 우리가 질량과 중력의 차이를 직접 알아볼 수 있을까? 그림 2와 같이 물을 담은 두 개의 용기를 끈으로 묶어서 양쪽 용기에 힘을 가한다고 상상해 보자.

①과 같이 옆에서 살짝만 건드려도 용기는 가볍게 우측으로 움직인다.

②와 같이 용기를 밑에서 위로 들어올릴 때는 어느 정도의 힘이 필요하다는 것을 알 수 있다.

①은 힘이 물체의 질량에 작용하고 있는 것이고 ②는 물체의 중력, 알기 쉽게 말하자면 무게에 작용하고 있다. 힘을 측면과 하단에서 가하는 이 경우는 그림 1의 ① 측면에서 가한 힘 ② 중력에 반대로 작용하는 힘과 동일한 것으로 볼 수 있다. 간단한 실험이므로 직접 한 번 시도해 보자.

그림1 운동의 제2법칙

① 운동방정식

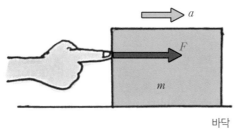

바닥

힘　　　　F [N]
질량　　　m [kg]
가속도　　a [m/s²]

$$ma = F \quad \cdots\cdots (1)$$

$$F = ma \quad \cdots\cdots (2)$$

② 물체의 중력·중량

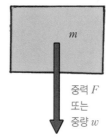

중력 F
또는
중량 w

중력　　　　　F [N]
질량　　　　　m [kg]
중력의 가속도　g [m/s²]

$$F = mg \quad g = 9.8 \text{ m/s}^2$$

그림2 질량과 중력을 알아보자

① 질량에 작용한다.　　　　② 중력에 작용한다.

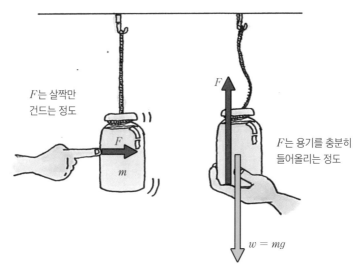

F는 살짝만
건드는 정도

F는 용기를 충분히
들어올리는 정도

$w = mg$

작용·반작용과 비관성계의 운동
- 운동의 제3법칙

물체 1이 물체 2에 힘을 가하면, 물체 2는 물체 1에 그 힘과 같은 크기로 반대 방향으로 힘을 가한다. 이것이 작용·반작용의 법칙이고, 운동의 제3법칙이라 한다.

그림 1의 ①과 같이 사람이 힘 F로 벽을 밀면, 벽에서는 사람을 되밀어내는 **수직항력 R**이 생긴다. 이 경우 F를 작용, R을 반작용이라고 하면 알기 쉽지만 작용·반작용은 단독으로 일어나는 것이 아니므로 어느 쪽을 작용으로 생각해도 상관 없다.

②는 책의 무게와 같은 크기의 힘 F가 책상을 미는 작용, 책상이 책에 가하는 수직항력 R을 반작용으로 하고 있다. 책이 정지되어 있는 것은 중량 w와 수직항력 R이 서로 힘의 평형을 이루고 있기 때문이다.

그림 2는 쇠공을 지탱하는 손의 운동이다. 쇠공의 중량 w, 손이 쇠공에 미치는 힘 F, 쇠공이 손에 가하는 수직항력 R로서 수직 방향으로 손을 올리고 내리는 움직임에 대해 생각해 보자. F와 R은 작용·반작용이므로 쇠공의 움직임은 F와 w의 크기로 결정된다. 손이 느끼는 쇠공의 무게는 R의 크기이다.

①과 같이 $F = w$에서 힘이 평형을 이루고 있을 때는 쇠공이 정지되어 있다. 이때는 관성계의 운동으로, 손이 느끼는 쇠공의 무게 R은 쇠공의 중량 w와 같다.

②는 w보다도 F가 클 때로 쇠공을 위로 들어올린다. R은 F와 같은 크기이므로 손으로 느끼는 무게는 쇠공의 무게보다 더 무겁다.

③은 w보다도 F가 작으므로 쇠공은 내려간다. 손에 느껴지는 무게는 쇠공의 무게보다 가볍다.

그림1　작용·반작용

① 손으로 벽을 민다.

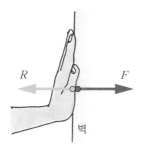

F: 작용
손이 벽을 미는 힘
R: 반작용
벽이 손에 가하는 수직항력

② 책상 위의 책

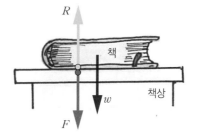

w: 책의 중량
책에 작용하는 중력
F: 작용
책이 책상에 가하는 힘
R: 반작용
책상이 책에 가하는 수직항력

그림2　비관성계의 운동

① 정지　　　　② 상승　　　　③ 하강

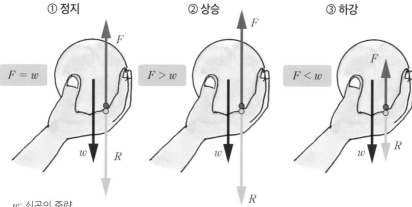

$F = w$　　$F > w$　　$F < w$

w: 쇠공의 중량
　쇠공에 작용하는 중력
F: 작용
　손이 쇠공에 가하는 힘
R: 반작용
　쇠공이 손에 가하는 수직항력

F와 w의 힘의 평형으로
쇠공의 운동이 정해진다.

엘리베이터 안의 힘을 생각해 보자
- 관성력과 운동방정식

엘리베이터를 타고 있으면 상승할 때는 몸이 무겁게 느껴지고, 하강할 때는 몸이 가볍게 느껴진다. 이 현상을 관성력과 운동방정식으로 생각해 보자.

가속도 1 m/s²으로 상승하는 엘리베이터 바닥에 놓인 질량 10 kg의 물체가 바닥에 가하는 힘을 구하라. 단, 중력 가속도를 9.8 m/s²으로 한다.

그림 1은 물체 m가 바닥에 가하는 힘 F를, 물체의 중량 w와 관성력 F_0의 합계로 생각한 예이다. 엘리베이터가 상승할 때, 물체는 운동과 반대 방향으로 관성력을 가진다. 이 힘은 중력과 같은 아래쪽 방향이므로 식 (1) $F = w + F_0$가 가능하다. 이 식을 변형하면 $F = m(g + a)$라는 식을 세울 수 있다. 이것은 '힘의 정의인 $F = ma$에 따라 가속도를 합성하여 힘을 구했'고 생각할 수도 있다.

그림 2는 물체에 작용하는 힘의 평형에서 운동방정식을 세운 예이다. 물체의 운동에 관계되는 힘은 식 (1) $F = ma$의 물체를 운동시키는 힘 F, 식 (2) $w = mg$의 물체의 중량 w, 식 (3) $F = N - w$의 바닥으로부터 받는 수직항력 N, 이 세 가지이다.

운동 방향을 양(+)으로 하여 각각의 힘의 부호를 정한다. 다음으로 등식의 좌변에는 물체를 운동시키는 힘, 우변에는 물체에 작용하는 힘으로 하여 식 (4)의 운동방정식 $ma = N - mg$를 세운다. 이렇게 물체의 운동만에 대한 힘의 평형을 생각해 볼 수 있다. 운동방정식을 세우면 여러 물체의 운동을 각각의 운동으로 나누어서 생각할 수 있다.

그림1 $F = ma$로 생각하다

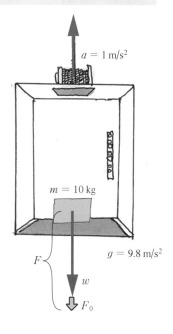

$$F = w + F_0 \qquad \cdots\cdots (1)$$
$$w = mg \qquad \cdots\cdots (2)$$
$$F_0 = ma \qquad \cdots\cdots (3)$$
$$F = mg + ma \qquad \cdots\cdots (4)$$
$$ = m(g + a)$$
$$ = 10 \times (9.8 + 1)$$
$$ = 108 \, [\text{N}]$$

질량 × (중력의 가속도 + 운동의 가속도)

$a = 1 \, \text{m/s}^2$

$m = 10 \, \text{kg}$

$g = 9.8 \, \text{m/s}^2$

F

w

F_0

그림2 운동방정식을 세우다

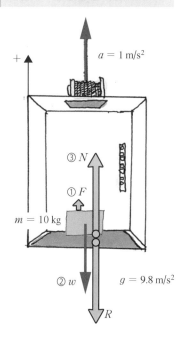

$$F = ma \qquad \cdots\cdots (1)$$
$$w = mg \qquad \cdots\cdots (2)$$
$$F = N - w \qquad \cdots\cdots (3)$$
$$ma = N - mg \qquad \cdots\cdots (4) \text{ 이것이 운동방정식}$$
$$\therefore \ N = mg + ma$$
$$ = m(g + a)$$
$$ = 10 \times (9.8 + 1)$$
$$ = 108 \, [\text{N}]$$

$+$

$a = 1 \, \text{m/s}^2$

③ N

① F

$m = 10 \, \text{kg}$

② w

$g = 9.8 \, \text{m/s}^2$

R

엘리베이터와 물건에서 힘의 관계
– 힘을 구분하자

운동방정식을 활용하는 연습으로, 앞 절의 예제에 엘리베이터 운동을 추가하여 엘리베이터와 물체 전체의 운동을 생각해 보자.

'바닥에 질량 m의 물체를 실은 질량 M의 엘리베이터가 힘 F를 받아 상승운동을 하고 있다. (A) 가속도, (B) 물체가 바닥을 누르는 힘에 대해 생각해 보자'라는 문제로, 알고 있는 것은 F, M, m, g이다. 구하는 가속도를 a, 바닥을 누르는 힘을 N으로 하여, **엘리베이터와 물체에 대한 운동방정식을 따로따로 세운다.**

운동방정식은 좌변이 대상으로 하는 물체를 직접 움직이게 하는 힘, 우변이 물체에 작용하는 힘의 합이 되도록 부호를 생각하여 식을 세운다.

그림 ①에서 이 **운동과 관계하는 힘과 좌표축의 방향을 결정한다.** 운동은 위쪽을 양 (+)으로 한다. 물체와 엘리베이터의 작용·반작용에 의한 힘의 크기는 같으므로 양쪽을 모두 N으로 한다.

②에서 Ma는 엘리베이터를 끌어올리는 힘, F가 전체를 끌어올리는 힘, Mg는 엘리베이터의 중량, N은 물체가 바닥을 누르는 힘을 나타낸다.

식 (1) $Ma = F - Mg - N$이 엘리베이터의 운동방정식이다.

③에서 ma는 물체를 끌어올리는 힘, N은 바닥으로부터의 항력, mg는 물체의 중량이다. 식 (2) $ma = N - mg$가 물체의 운동방정식이 된다.

복수의 운동방정식은 양변끼리 더하는 것이 철칙이다. 식 (1)과 식 (2)는 양변끼리를 더하여 식 (3) $a = \dfrac{F}{M + m} - g$의 가속도를 구한다. 다음으로 식 (3)을 식 (2)에 대입하여 바닥을 누르는 힘 N을 구한다.

식 (4) $N = \dfrac{m}{M + m} F$로, $\dfrac{m}{M + m}$으로서 엘리베이터와 물체의 질량의 비를 알면, 전체에 작용하는 힘 F와 바닥을 누르는 힘 N의 비가 명확해진다.

개개의 운동으로 나누어서 생각한다

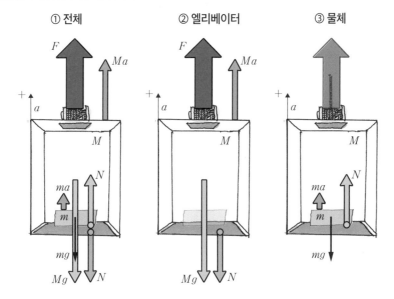

① 전체 ② 엘리베이터 ③ 물체

엘리베이터의 운동방정식

$$Ma = F - Mg - N \cdots\cdots (1)$$

물체의 운동방정식

$$ma = N - mg \qquad \cdots\cdots (2)$$

(A) 가속도를 구한다.

(1)과 (2)에서 　　　　양변끼리 더한다.

$$Ma + ma = F - Mg - N + N - mg$$
$$(M + m)a = F - (M + m)g$$
$$\therefore a = \frac{F}{M + m} - g \qquad \cdots\cdots (3)$$

식 (3)을 F에 대하여 변형하면
$$F = (M + m)(a + g)$$

이것은 전체의 운동방정식이 되는
힘 = (질량의 합계) × (가속도의 합계)

(B) 바닥을 누르는 힘을 구한다.

(3)을 (2)에 대입하여

$$m\left(\frac{F}{M + m} - g\right) = N - mg$$
$$\therefore N = m\left(\frac{F}{M + m} - g\right) + mg$$
$$= \frac{m}{M + m}F \qquad \cdots\cdots (4)$$

질량의 비의 형태로 한다.

접촉면에서 운동을 방해하는 힘
– 마찰력

바닥에 놓아둔 물체를 밀 때, 접촉면에 운동 방향과 반대 방향으로 작용하는 저항력이 **마찰력**이다. 마찰력의 크기는 물체에 작용하는 수직항력 N과 **마찰계수** μ(뮤)의 곱으로 나타낼 수 있다. 마찰계수는 마찰이 발생하는 정도를 결정하는 계수로 단위를 갖지 않는 상수이다.

그림 1의 ①은 물체에 가해진 힘 F가 운동이 일어나지 않을 정도로 작을 때이며, F와 같은 크기로 반대 방향의 마찰력이 발생하여 물체는 정지해 있다. 힘을 주어도 물체가 정지하고 있을 때의 마찰력을 **정지마찰력**이라고 부른다.

②는 F의 크기를 물체가 움직이기 직전까지 증가시켜 물체 정지의 한계 상태를 나타내었다. 이때 발생하는 마찰력을 **최대 정지마찰력**이라 한다.

③과 같이 물체가 움직이기 시작한 후에도 계속 힘을 가하면, 미끄러지며 운동하는 중에도 마찰력은 존재한다. 물체가 운동하는 중에 존재하는 마찰력을 **운동마찰력**이라 하고, 최대 정지마찰력보다 작은 값이 된다.

수평면에 둔 널빤지에 물체를 올려놓고 그 가장자리를 서서히 들어올리면, 수평면과의 각도가 커져서 물체가 미끄러지기 시작한다. 이때 물체의 중량 w를 경사면에 평행한 분력 P와 경사면에 수직인 분력 R로 분해한다(그림 2의 ①). 그러면 P는 물체를 미끄러지게 하는 힘이 되고, R은 수직항력 N을 유발한다. 그리고 수직항력 N과 정지마찰계수 μ의 곱이 마찰력 f가 된다.

여기서 ②와 같이 경사면의 각도 θ을 더 크게 하면 P도 커지게 되어, 마침내 마찰력의 최대치 f_{max}를 넘으면 미끄러지기 시작한다. 이 f_{max}가 최대 정지마찰력이고, 이때의 각도 θ을 **마찰임계각**이라 한다.

그림1 접촉면의 저항력

마찰력 f
마찰계수 μ
수직항력 $N = w$ 중량 $w = mg$

$$f = \mu N$$

② 최대 정지마찰력

$$f_{\max} = F$$

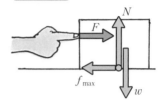

① 정지마찰력

$$f_0 = F$$

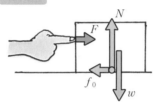

③ 운동마찰력

$$f_k < F$$

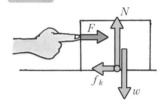

그림2 마찰임계각

① 중량을 분해한다.

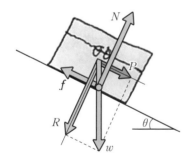

$P = w \sin \theta$
$R = w \cos \theta$
$N = R$
정지마찰계수 μ
최대 정지마찰력 $f_{\max}$

② 최대 정지마찰력

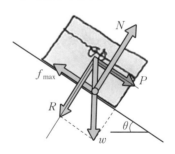

물체가 미끄러지기 시작한 순간
$f_{\max} = \mu N = P$
$\mu w \cos \theta = w \sin \theta$

$$\therefore \mu = \frac{w \sin \theta}{w \cos \theta} = \tan \theta$$

이때의 θ를 마찰임계각이라고 부른다.

손수레 위의 물체가 미끄러질 때의 운동
- 비관성계의 마찰력

손수레에 실린 물체 위에 물체를 더 싣고, 손수레를 세게 밀면 위에 실은 물체가 미끄러지는 경우가 있다. 이런 경험을 한 적 있는가? 이것은 가속도 운동을 하는 손수레 위에서 물체가 운동하는 **비관성계 운동**이다.

그림 ①과 같이 매끄럽게 구르는 손수레와 아래에 실은 물체 ❶을 하나로 생각하고 그것을 질량 M이라 하고, 그 위에 얹은 물체 ❷의 질량을 m으로 정한다. 사람이 손수레를 미는 힘을 F, 물체 ❶과 손수레의 가속도를 a_1, 물체 ❷의 가속도를 a_2로 하자. 여기서 물체 ❷가 손수레 위에서 미끄러질 때는 손수레의 진행 방향과 역방향으로 운동을 하는데, 바닥의 좌표계로부터 운동을 생각하면 마찰에 의해 손수레와 같은 방향으로 운동을 한다.

②는 두 물체에 관여하는 힘을 알기 쉽게 하기 위해서 물체 ❶과 ❷를 떼어보았다. 각각의 물체의 운동을 따로따로 생각해 보자.

③과 같이 손수레의 운동은 수평 방향이므로 수직 방향의 수직항력과 중력이 서로 평형을 이루어서 운동과 관련된 힘은 수평 방향의 힘만 남게 된다. 단, 물체 ❶과 ❷의 접촉면은 서로 미끄러지기 때문에 운동마찰계수 μ'라고 하면 운동마찰력 f는 $f = \mu'mg$가 된다.

그러면 운동방정식을 세워보자. 식 (1) $Ma_1 = F - \mu'mg$가 물체 ❶의 운동방정식, 식 (2) $ma_2 = \mu'mg$가 물체 ❷의 운동방정식, 각각의 식에서 구한 가속도 a_1, a_2가 식 (3)과 식 (4)이다.

식 (3)과 (4)의 가속도는 바닥의 좌표계로부터 본 것이다. 손수레의 좌표계에서 물체 ❶과 물체 ❷의 가속도를 비교하기 위해 $a_2 - a_1$이라고 하면, 우변에 부호가 붙고 a_2가 a_1과 반대 방향으로 작용하여 뒤로 미끄러지는 것을 알 수 있다.

손수레 위에서 미끄러지는 물체의 운동

① 손수레로 물체를 나른다.

손수레와 바닥의 마찰은 생각하지 않는다.

② 힘을 생각한다.

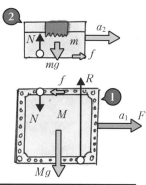

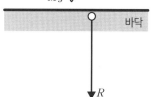

중력의 가속도 g
운동마찰계수 μ'
운동마찰력 $f = \mu'mg$

③ 운동에 관계하는 힘

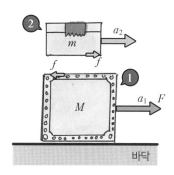

바닥

물체 ❶에 대한 물체 ❷의 가속도를 구한다.

$Ma_1 = F - \mu'mg$ ······ (1)

$ma_2 = \mu'mg$ ······ (2)

(1)로부터

$a_1 = \dfrac{F - \mu'mg}{M}$ ······ (3)

(2)로부터

$a_2 = \mu'g$ ······ (4)

물체 ❶에 대한 물체 ❷의 가속도는

(4)와 (3)의 차로서

$a_2 - a_1 = \mu'g - \dfrac{F - \mu'mg}{M}$

$$= -\dfrac{F - (M + m)\mu'g}{M}$$

따라서 a_2는 a_1과 반대 방향으로 작용한다.

경사면에 놓인 물체의 운동
- 경사면과 마찰

그림 1과 같이 줄로 연결된 질량 M과 질량 m의 물체에 마찰이나 기타 저항이 없을 때는 평형이 잡히는 기울기 θ가 존재할 것이다. 여러분은 이때의 m과 M에 대하여 '중력 Mg를 경사면에 평행한 힘 P와 경사면에 수직인 힘 R로 나누어서, 줄의 장력 mg와 P가 서로 힘의 평형이 맞는지를 알아보면 되겠구나!'라고 생각하게 될 것이다. 이때 마찰은 고려하지 않는다면 분력 R은 사용할 필요가 없다.

마찰도, 저항도 전혀 없다는 것은 이상적인 조건이지만 현실적이지 않기 때문에 경사면과 질량 M의 물체 접촉면에 마찰이 있는 것으로 보고 다음 운동을 생각해 보자.

그림 2에서 널빤지를 수평면에 대하여 임의의 각도로 기울였을 때 물체는 정지해 있다. 기울기를 서서히 줄여 특정한 각도 θ가 되었을 때 질량 m인 물체가 하강하기 시작한다. 정지마찰계수 μ로서 줄과 도르래의 질량·저항을 고려하지 않고, m과 M의 관계를 나타내라.

이 경우는 그림 1에서는 생각하지 않았던 경사면에서 물체에 작용하는 수직항력 N이 필요하다. N과 정지마찰계수 μ의 곱으로부터 마찰력 f를 구한다. 그리고 질량 m인 물체의 중력과 힘의 평형을 고려한다.

질량 m인 물체의 중력 mg가 질량 M인 물체를 경사면을 따라 끌어올리는 장력이 된다. 질량 M인 물체의 중력을 경사면에 평행한 힘 P와 수직인 힘 R로 나눈다. P는 경사면을 따라 아래로 미끄러지는 힘이 되며, R의 반작용이 질량 M인 물체에 작용하는 수직항력 N을 유발한다. 정지마찰력 f는 장력의 저항력으로서 경사면에 평행하게 아래로 향하는 힘이 된다.

이렇게 힘의 평형을 구하는 식 $mg = P + f$에서 두 물체의 관계를 구할 수 있다.

그림1 경사면의 균형

경사면의 마찰, 줄과 도르래의 질량·저항을 생각하지 않는다.

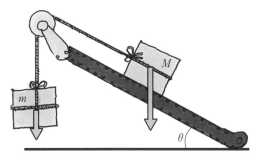 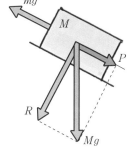

$$R = Mg \cos \theta \qquad mg = P$$
$$P = Mg \sin \theta \qquad\quad = Mg \sin \theta$$
$$\therefore \boxed{m = M \sin \theta}$$

그림2 마찰을 추가해 보면?

줄과 도르래의 질량·저항은 생각하지 않는다.

각도를 서서히
낮게 한다.

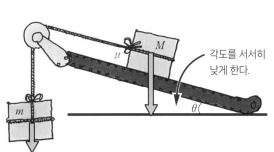

$$N = R = Mg \cos \theta \qquad mg = P + f$$
$$f = \mu N = \mu Mg \cos \theta \qquad\quad = Mg \sin \theta + \mu Mg \cos \theta$$
$$P = Mg \sin \theta \qquad\qquad\quad = Mg (\sin \theta + \mu \cos \theta)$$
$$\therefore \boxed{m = M (\sin \theta + \mu \cos \theta)}$$

줄다리기의 승패는 마찰력으로 결정된다
– 마찰을 생각해 보자

3–14

역학에서 문제를 단순화하기 위해 '마찰은 생각하지 않는다'라는 조건을 설정하는 경우가 있다. 하지만 우리 생활 속에서 마찰을 생각하지 않을 수는 없다. 수식으로 나타내지 않고, 마찰의 효과를 생각해 보자.

그림 1과 같이 사람이 물체를 밀 때는 물체와 바닥 사이의 마찰을 가능한 작게 하는 것이 이상적이다. 하지만 사람과 바닥 사이에 마찰이 없다면 물체를 밀 수 없다. 사람의 다리 힘이 마찰을 통해 땅에 전해져, 그 반작용이 앞으로 나가는 힘이 되기 때문이다. 자동차 타이어도 마찬가지로 마찰에 의한 반작용의 힘으로 움직일 수 있는 것이다.

그러면 줄다리기는 어떨까? 줄다리기는 힘겨루기일까?

그림 2의 ①은 Ⓐ와 Ⓑ가 서로 팽팽한 경우이다. 두 사람이 줄을 당김으로 장력 T가 두 사람에게 작용한다. 이때 Ⓐ와 Ⓑ는 T와 같은 크기로 반대 방향의 작용하는 힘 F_A와 F_B로 밧줄을 잡아당기고 있는 것처럼 보인다. 사실 이 힘은 사람이 신발로부터 지면에 힘을 작용시켜, 그 반작용으로 지면으로부터 사람이 받는 T와 반대 방향의 마찰력 f_A, f_B인 것이다. 그래서 Ⓐ의 움직임은 T와 f_A의 힘의 평형으로 Ⓑ의 움직임은 T와 f_B의 힘의 평형으로 결정되는 것이다.

오른쪽의 힘을 양(+)이라 하고, 다음과 같이 생각해 보자.

①은 Ⓐ가 $T - f_A = 0$, Ⓑ가 $-T + f_B = 0$으로, Ⓐ와 Ⓑ는 힘이 각각에 평형을 이루고 있으므로 둘 다 움직이지 않는 것이다.

②에서는 신발이 미끄러지거나 자세가 흐트러지는 등 어떤 형태로든 명확하게 Ⓐ쪽이 Ⓑ에서 발생하는 마찰력보다 커졌다고 가정해 본다면, Ⓐ의 힘의 평형은 $T - f_A < 0$이므로 왼쪽으로 이동하고, Ⓑ의 힘의 평형도 $-T + f_B < 0$이므로 왼쪽으로 이동하게 된다. 따라서 Ⓐ가 우세한 것으로 볼 수 있다. 줄다리기는 '마찰력의 싸움'이라고 말할 수 있을지도 모르겠다.

그림1 마찰의 작용

- 사람은 신발로부터 지면에 다리 힘을 작용시킨다.
- 지면은 신발에 반작용의 힘을 준다.
- 지면을 기준으로 하므로 사람은 전진한다.

- 자동차는 타이어로부터 지면에 구동력을 작용시킨다.
- 지면은 타이어에 반작용의 힘을 준다.
- 지면을 기준으로 하므로 차는 전진한다.

그림2 줄다리기의 승패는 마찰력

① 서로 팽팽한 줄다리기에 작용하는 힘

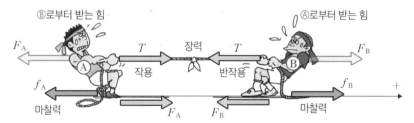

② A가 우세할 때의 힘의 평형

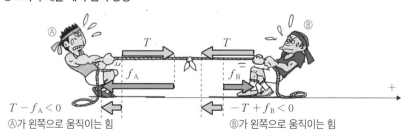

$T - f_A < 0$
Ⓐ가 왼쪽으로 움직이는 힘

$-T + f_B < 0$
Ⓑ가 왼쪽으로 움직이는 힘

원 궤도상의 운동을 생각해 보자
– 등속 원운동

등속 원운동은 그림 1과 같이 점 P가 점 O를 중심으로 원 궤도 위를 일정한 속도로 회전하는 운동이다. 점 P는 다음 순간에 P′로 이동한다. 물체의 등속 원운동에서 접선 방향으로 일정한 크기의 속력을 내지만 운동의 방향이 항상 변하므로, 등속도 운동이 아니라 등속 원운동이라고 부른다.

오른쪽 그림과 식에서 각도 θ는 rad(라디안) 단위를 사용한다. rad에 대해서는 그림 2에서 간단하게 설명하겠다. 각 θ에 상응하는 호 $\overset{\frown}{P_0P}$의 길이를 s, s의 이동시간을 t, 접선 방향의 속도를 v, 회전속도를 단위 시간당의 회전하는 각으로 나타내는 각속도 ω(오메가)로서 운동을 생각해 보자. 여러 가지의 식이 있지만 그림과 관련시키면 이해가 보다 용이하다.

덧붙여서 회전의 운동에서는 주기 T, 회전수 n[rps]로도 운동의 특징을 나타낼 수 있다. rps는 revolutions per second의 약자로, 매초당 회전하는 횟수를 의미한다.

그림 2의 ①과 같이, 반지름 r일 때 원호의 길이가 r인 부채꼴의 중심각을 1rad라고 정의하는 방법을 **rad·호도법**이라고 한다. 이렇게 정의하면 원의 한 바퀴 360°는 $\dfrac{2\pi r}{r} = 2\pi$[rad]가 된다. rad는 SI 단위의 **보조단위**이다. 길이 ÷ 길이이므로, 실제 계산에서는 단위가 없는 **무차원의 수**이다. 이런 내용을 처음 접하는 경우 여기서 정의를 확실하게 익히자.

②와 같이 회전의 속도를 나타내는 경우, 원주상의 속도는 반경에 비례하여 변한다. 이것을 단위 시간당 회전각 θ로 나타내면, 반지름의 길이와 상관없이 각속도 $\omega = \theta$ rad/s로 나타낼 수 있다.

③은 각도를 rad로 나타내면, 각도 θ가 매우 작은 경우에 근사치 계산에서 sin, cos, tan의 함수를 소거하여 식을 정리할 수 있음을 나타내고 있다. 이 소거방법은 원운동에서 순간의 운동을 생각하는 경우에 자주 사용된다.

그림 1　등속 원운동

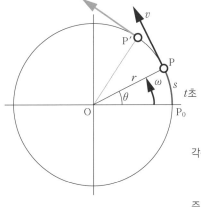

$$\begin{cases} \widehat{P_0P}\text{의 회전시간}: t \\ \text{접선 방향의 속도}: v \\ \widehat{P_0P}\text{의 길이}: s \end{cases}$$

이 세 가지가
포인트!

$$v = \frac{s}{t} \qquad s = r\theta \qquad v = r\frac{\theta}{t}$$

각속도 ω[rad/s]

$$\omega = \frac{\theta}{t} \qquad v = r\omega \qquad \omega = \frac{v}{r}$$

주기 T[s]

$$T = \frac{2\pi}{\omega} = \frac{2\pi r}{v}$$

회전수 n[rps]

$$n = \frac{1}{T} = \frac{\omega}{2\pi} = \frac{v}{2\pi r}$$

θ는 rad 단위

그림 2　rad·호도법

① rad·호도법이란

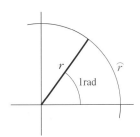

$$1\text{rad} = \frac{\widehat{r}}{r} \ (\fallingdotseq 57.3°)$$

이것이 외우기
쉬울지도!

$$360° = \frac{2\pi r}{r} = 2\pi[\text{rad}]$$

$$180° = \frac{\pi r}{r} = \pi[\text{rad}]$$

② 회전속도를 각속도로 나타낸다.

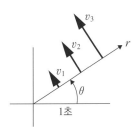

각속도

$$\omega = \theta \text{ rad/s}$$

③ 삼각함수의 근사치계산

$$\sin\theta \fallingdotseq \tan\theta \fallingdotseq \theta$$
($\theta \fallingdotseq 10°$에서 오차 1%)

$$\cos\theta \fallingdotseq 1$$
($\theta \fallingdotseq 8°$에서 오차 1%)

원운동을 만드는 힘
– 구심력

그림 1과 같이 줄 끝에 추를 달아 팽팽하게 당긴 상태에서 회전시키면, 회전면이 수평이 되게 할 수 있다. 줄을 놓으면 추는 원주의 접선 방향으로 날아간다. 항상 접선 방향으로 나아가려는 추를 줄이 잡고 있으므로 이것이 원운동이 일어나는 원인이다.

원운동하는 추의 속도의 방향은 항상 원의 접선 방향에서 변해야 한다. 줄의 장력이 항상 접선 방향의 속도에 직각으로 작용하여, 추를 회전 중심을 향해 끌어당기고 있는 것이다. 이 힘을 **구심력**이라고 한다. **물체에 구심력이 가해진다면 가속도가 존재한다.** 이것을 **구심가속도**라 한다. 질량 m, 각속도 ω, 속도 v, 구심가속도 a의 관계를 식 (1) $a = r\omega^2 = \dfrac{v^2}{r}$로 나타낼 수 있다. 힘의 정의 $F = ma$에 대입하면, 식 (2)의 구심력을 구하는 식을 세울 수 있다.

그림 2의 ①의 학교 운동장에 있는 원형 코스를 달리는 아이의 운동은 원운동으로 간주할 수 있다. 줄이 없는데 어떻게 구심력이 생기는 것일까? 아이는 커브를 달리기 위해 회전트랙의 바깥쪽을 향하여 발을 구르며, 지면의 반작용으로 마찰력이 회전의 안쪽을 향하는 힘을 아이에게 되돌려준다. 이것이 구심력이 된다. 즉, 마찰력이 바깥쪽으로 밀려 나가는 운동은 잡아주므로 회전운동이 일어난다. ②의 오토바이나 자전거는 타이어와 지면의 마찰력이, ③의 비행기는 공기와 동체와의 마찰력이 반작용이 되어 구심력을 만들어낸다.

①부터 ③의 예에서는 바깥쪽으로 향하는 힘을 주기 위해 회전 안쪽으로 자세를 기울여서 구심력을 만들어내고 있는 것이다. ④의 자동차에서는 차체를 크게 안쪽으로 기울일 수 없기 때문에, 스프링으로 된 서스펜션이라고 불리는 장치가 바퀴를 땅에 세게 밀착시킴으로써 구심력을 만든다.

그림 1 구심가속도와 구심력

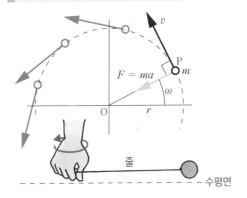

구심가속도   식 (1)

$$a = rw^2 = \frac{v^2}{r}$$

이것을 기억하고
$F = ma$의 a에
대입한다.

구심력   식 (2)

$$\begin{aligned} F &= ma \\ &= mrw^2 \\ &= m\frac{v^2}{r} \end{aligned}$$

m : 물체의 질량 ω : 각속도
r : 반지름 a : 구심가속도
v : 접선 방향의 속도 F : 구심력

그림 2 마찰과 구심력

① 코너를 달리는 아이

신발이 바깥쪽을
향해서 가하는 힘

마찰력이
구심력

③ 비행기   비행기는 공기의 저항력을
이용하고 있다.

② 오토바이·자전거

타이어와 지면의
마찰이 포인트

μ

④ 자동차

자동차는
서스펜션이 중요하다.

몸으로 느끼는 회전의 힘
– 원심력

원운동은 항상 가속도가 작용하므로 비관성계 운동이다. 그림 1과 같이 물체(P)를 고정시킨 비관성계 좌표로 보면, 물체에는 구심력 F와 같은 크기로 반대 방향의 힘 F'가 작용하며, 운동과 직각인 방향의 힘이 평형을 이루고 있다고 생각된다. 이 F'를 원심력이라고 한다.

구심력 F의 방향을 양(+)이라고 하면, 원심력 F'의 방향은 음(−)으로, F와 같은 크기를 갖는다고 생각하면 된다. 원심력은 비관성계 물체의 운동에 관성계운동의 법칙을 적용시켜, 간단하게 생각할 수 있도록 한 **겉보기의 힘**이라고 한다.

원운동을 그만두면 그 순간에 구심력과 원심력은 사라지고 속도 v만 물체에 작용하므로, 물체는 접선 방향으로 날아가게 되는 것이다.

그림 2와 같이 자전거가 기울기 각 θ로 커브를 돌 때는 자전거와 사람의 합계 중량 w의 수평 방향으로의 분력이 구심력과 원심력의 크기가 된다. 자전거에 타고 있는 사람은 이 힘의 평형으로 원심력을 느낀다.

어른이 탄 자전거와 어린이가 탄 자전거, 각각의 합계 중량이 다른 경우 두 대가 같은 커브를 동일한 속도로 달리면 기울기 각 θ는 어떻게 될까? 식 (1)과 같이 $\tan \theta = \dfrac{r\omega^2}{g}$가 되므로, 질량 m은 사라진다. 이로부터 자전거의 무게에 관계 없이 속도가 같을 때는 같은 각도가 된다는 것을 알 수 있다.

예를 들어 자전거와 사람의 합계 중량 800 N, 접선 방향의 속도 2 m/s, 회전반경 10 m로 했을 경우의 구심력 계산 예를 보자. 포인트는 합계 중량 w를 질량으로 변환하기 위해 중력의 가속도 9.8 m/s^{2}으로 나누는 것이다. 결과인 32.7 N은 약 3.3 L의 물의 중량에 해당한다.

그림1 구심력과 원심력

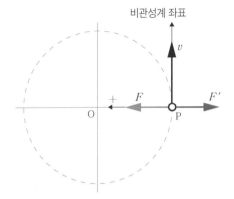

비관성계 좌표

v : 접선 방향의 속도
F : 구심력
F' : 원심력

물체 P 위의 비관성계 좌표에서는 구심력 F와 원심력 F'가 평형을 이루는 속도 v의 운동이 된다.

중심 O의 지상의 관성계 좌표에서는 구심력 F와 속도 v의 운동이 된다.

원심력과 구심력은 평형을 이룬다.
원심력 = −구심력

$$F' = -F \qquad \begin{aligned} F &= ma \\ &= mr\omega^2 \\ &= m\frac{v^2}{r} \end{aligned}$$

그림2 원심력을 느낄 때

비관성계 좌표의 자전거에서 본 힘의 균형

원심력 F' 구심력 F

θ

w

$w = mg \qquad F = m\dfrac{v^2}{r}$

$$\tan \theta = \frac{F}{w} = \frac{mr\omega^2}{mg} = \frac{r\omega^2}{g} \qquad \cdots\cdots (1)$$

기울기각 θ는 질량에 관계가 없다.

예제
자전거와 사람의 합계 중량 $w = 800\ \text{N}$
접선 방향의 속도 $v = 2\ \text{m/s}$
회전반경 $r = 10\ \text{m}$

$$\begin{aligned} F &= m\frac{v^2}{r} \\ &= \frac{800}{9.8} \times \frac{2^2}{10} \\ &\fallingdotseq 32.7\ [\text{N}] \end{aligned}$$

물체를 회전시키는 능력
– 돌림힘(토크)

그림 1의 ①과 같이 점 O를 못으로 단단히 고정시킨 판을 상상해 보자. 판 위에 한 점만 고정하였기 때문에, 옆에서 힘을 주어 밀면 점 O를 중심으로 판을 회전시킬 수 있다. 이렇게 회전시킬 수 있는 능력을 **돌림힘(토크)**이라고 한다.

점 O에서 직선거리 L의 점 P에, 직선 OP에 수직인 힘 F를 가하였을 때 돌림힘(토크) M의 크기를 $M = FL$이라고 정의하고, 단위는 [N·m]이다. 이때 직선 OP를 **팔**, 길이 L을 **팔의 길이**라고 한다.

팔의 길이 방향 직선에 대하여 힘이 각도 θ로 작용한 경우에는 ②와 같이 F의 작용선을 연장하여 O에서 작용선까지 수직거리 L'를 취하거나 ③과 같이 팔 위의 직선 OP에 대한 힘 F의 수직 성분을 취하는 등 어느 방법을 사용하든 결과는 같으므로, 이 두 가지 방법으로 **서로 수직인 힘과 팔 길이의 곱**이라는 식으로 표현할 수 있다.

그림 2는 중심 O를 못으로 고정시킨 한 변이 $2L$인 정사각형 판자에 크기가 같은 4개의 힘이 작용하고 있으므로, 판자는 점 O를 중심으로 시계 방향 또는 반시계 방향 중 어느 한쪽으로 회전할 것이다. 회전 방향을 알기 위해서는 4개의 돌림힘(토크)을 각각 구하여 그 총합을 구하면 된다.

먼저 시계 방향 회전과 반시계 방향 회전의 부호를 정해 둔다. 어느 쪽을 양(+)으로 해도 상관이 없지만, 일반적으로는 삼각함수나 원운동과 마찬가지로 반시계 방향 회전을 양(+)이라고 한다.

M_1과 M_4를 알기 위해 그림으로부터 팔 길이를 구할 수 있다. 주의할 것은 M_2의 경우 회전의 중심 O가 F_2의 작용선 위에 있으므로 팔 길이는 0이 되기 때문에, 돌림힘은 0이 된다. M_3를 구하기 위한 팔 길이는 OP를 피타고라스의 정리와 삼각비로 구할 수 있다. 이 예에서는 반시계 방향의 회전에 돌림힘이 작용함을 알 수 있다.

그림 1 돌림힘(토크)

① 돌림힘의 정의

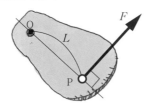

② 팔 길이

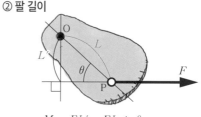

$$M = FL' = FL \sin \theta$$

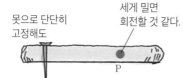

못으로 단단히
고정해도

세게 밀면
회전할 것 같다.

③ 수직인 힘

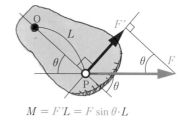

$$M = F'L = F \sin \theta \cdot L$$

돌림힘 = 힘 × 팔 길이

$$M = FL \ [\text{N·m}]$$

여기서 둘 중 하나의 값은 팔의 길이 또는
힘의 작용선에 수직 성분을 사용한다.

그림 2 부호와 계산 예

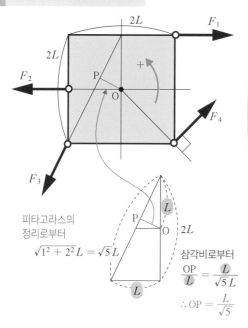

$F_1 = F_2 = F_3 = F_4 = F$

$M_1 = F_1 L = -FL$

팔 길이는 0
$M_2 = F_2 \cdot 0 = 0$

$M_3 = F_3 \cdot \text{OP} = F_3 \dfrac{L}{\sqrt{5}} = \dfrac{1}{\sqrt{5}} FL$

$M_4 = F_4 \sqrt{2} L = \sqrt{2} FL$

피타고라스의
정리로부터

$$\sqrt{1^2 + 2^2} L = \sqrt{5} L$$

삼각비로부터

$$\frac{\text{OP}}{L} = \frac{L}{\sqrt{5} L}$$

$$\therefore \text{OP} = \frac{L}{\sqrt{5}}$$

$$M = M_1 + M_2 + M_3 + M_4$$

$$M = FL\left(-1 + \frac{1}{\sqrt{5}} + \sqrt{2}\right)$$

주변에서 돌림힘(토크)을 찾아보자
– 간단한 계산 예

그림 1은 우리 주변에서 쉽게 찾아볼 수 있는 돌림힘의 예로 ①은 자전거 페달 밟기이고, ②는 스패너를 사용하는 예이다.

①의 식 (2)에서는 힘에 직각인 팔의 길이를 구한다. ②의 식 (2)에서는 팔에 직각인 힘의 분력을 구한다. 어느 방법이든 돌림힘을 구할 수 있다.

그림 2는 방 인테리어에 사용되는 모빌의 예이다. 실제로 모빌을 만들려면 추를 달고 평형이 되는 점을 찾아서 조립해야 하지만, 여기에서는 매달아 놓은 부재료(철사)의 질량은 고려하지 않고 추 무게만을 고려하여 평형의 조건을 생각해 보자.

각각 2개의 추를 연결한 부재료의 지지점을 ①과 ②라 하고, ①과 ②를 연결하는 부재료의 지지점을 ③이라고 하자. 추의 중량은 $w_1 = w_4$이며, 지탱하는 팔 길이는 $L_1 = 2\,L_2$, $L_3 = L_2$, $L_4 = 3\,L_2$의 관계라고 하자. 그러면 w_2, w_3의 중량과 L_{12}와 L_{34}의 비를 구할 수 있다.

①과 ②의 지점에서 평형은 각각의 지지점을 중심으로 한 돌림힘의 합계가 0이 되면 되므로 식 (1) $w_1 L_1 - w_2 L_2 = 0$과 식 (2) $w_3 L_3 - w_4 L_4 = 0$을 만족해야 한다. 지지점 ③에서 평형은 ①에 부가되는 합계 중량과 ②에 부가되는 합계 중량의 한 돌림힘의 합이 0이 되어야 하므로 식 (3) $(w_1 + w_2)L_{12} - (w_3 + w_4)L_{34} = 0$을 만족해야 한다. 점 ①, ②, ③ 주위의 돌림힘은 반시계 방향의 회전을 양(＋), 시계 방향의 회전을 음(－)으로 하여 그 합이 0을 만족하도록 식을 구성하였지만, 특별히 부호를 생각하지 않고 반시계 방향 돌림힘 = 시계 방향 돌림힘이라고 생각해도 결과는 동일하다.

그림1 페달 밟기와 스패너 사용

① 페달 밟기

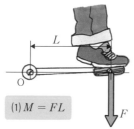

$$(1)\ M = FL$$

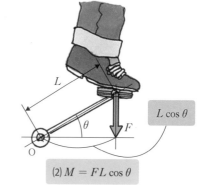

$$L \cos \theta$$

$$(2)\ M = FL \cos \theta$$

② 스패너 사용

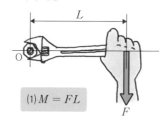

$$(1)\ M = FL$$

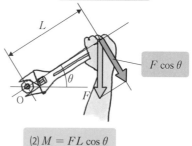

$$F \cos \theta$$

$$(2)\ M = FL \cos \theta$$

그림2 모빌의 밸런스

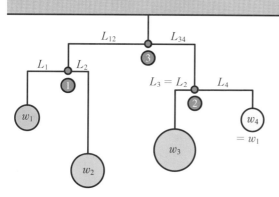

❶의 밸런스 $w_1 L_1 - w_2 L_2 = 0$ ······ (1)

❷의 밸런스 $w_3 L_3 - w_4 L_4 = 0$ ······ (2)

❸의 밸런스

$(w_1 + w_2)L_{12} - (w_3 + w_4)L_{34} = 0$ ······ (3)

$w_1 = w_4 \quad L_1 = 2L_2$
$$L_3 = L_2$$
$$L_4 = 3L_2$$

식 (1)에서부터
$$w_2 = w_1 \frac{L_1}{L_2} = \boxed{2w_1}$$

식 (2)에서부터
$$w_3 = w_4 \frac{L_4}{L_3} = \boxed{3w_1}$$

식 (3)에서부터
$$\frac{L_{12}}{L_{34}} = \frac{w_3 + w_4}{w_1 + w_2}$$
$$= \frac{3w_1 + w_1}{w_1 + 2w_2}$$
$$= \boxed{\frac{4}{3}}$$

물체에 가해지는 힘의 평형
– 평형과 무게중심

평면 좌표상에서 물체의 힘의 평형에 대해 생각해 보자.

그림 1의 ①은 물체에 작용하는 2개의 힘 F_1, F_2의 합성의 예에서 힘의 작용점이 서로 떨어져 있는 경우다. 힘은 작용선상에서 이동하더라도 효과는 변하지 않는다. 그래서 두 힘의 작용선을 연장하여 그 교점으로 두 힘의 작용점을 이동시켜 한 점에 작용하는 벡터의 합성으로서 평행사변형의 대각선에 합력 F를 구할 수 있다.

②는 평행한 두 힘이 물체에 작용하는 예이다. 두 힘의 방향이 같으므로 합력은 $F = F_1 + F_2$가 된다. 여기서 F_1, F_2와 합력 F의 x좌표를 x_1, x_2, x로 하자. 원점에 대한 두 힘 F_1, F_2에 의한 돌림힘의 합과 합력 F에 의한 돌림힘은 같다는 것을 식으로 나타낸 것이 식 (2) $F_1 x_1 + F_2 x_2 = Fx$이다. 식 (2)에서 합력 F의 작용점의 좌표 x를 구한 것이 식 (3) $x = \dfrac{F_1 x_1 + F_2 x_2}{F}$이다.

그림 2는 그림 1의 ②의 방법을 이용하여 질량 m의 물체의 무게중심 $G(x, y)$를 구하는 방법이다. 우선 물체를 무게중심을 아는 두 물체 m_1과 m_2 나누어 생각해 보자. 질량 m_1 물체의 무게중심은 $G_1(x_1, y_1)$이고, 질량 m_2 물체의 무게중심은 $G_2(x_2, y_2)$라 하자. 그 다음에 x축 방향과 y축 방향에 대하여 따로따로 그림 1의 ②의 식 (2)를 만들고, 식 (3)으로 변형하면 무게중심 $G(x, y)$를 구할 수 있다.

두께가 균일한 물체의 질량 m은 xy평면상에서는 도형의 면적에 비례하므로, 물체의 모양과 치수를 알면 질량 대신 면적을 사용하여 $G(x, y)$를 구할 수 있다. 평면도형의 무게중심을 **도심**이라고 한다.

그림1 작용점이 다른 힘의 합성

① 교차하는 힘의 합성

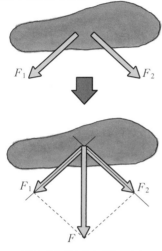

힘을 작용선상에서 이동시킨다.

② 평행한 힘의 합성

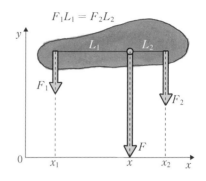

$$F_1 + F_2 = F \qquad \cdots\cdots (1)$$
$$F_1 x_1 + F_2 x_2 = Fx \qquad \cdots\cdots (2)$$
$$\therefore x = \frac{F_1 x_1 + F_2 x_2}{F} \qquad \cdots\cdots (3)$$

그림2 무게중심을 구한다

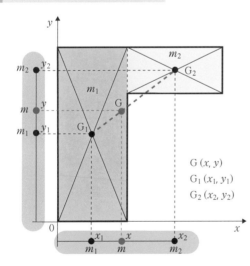

G (x, y)
$G_1 (x_1, y_1)$
$G_2 (x_2, y_2)$

$$m = m_1 + m_2 \qquad \cdots\cdots (1)$$

● x축 방향

$$m_1 x_1 + m_2 x_2 = mx \qquad \cdots\cdots (2)$$
$$\therefore x = \frac{m_1 x_1 + m_2 x_2}{m} \qquad \cdots\cdots (3)$$

● y축 방향

$$m_1 y_1 + m_2 y_2 = my \qquad \cdots\cdots (2)$$
$$\therefore y = \frac{m_1 y_1 + m_2 y_2}{m} \qquad \cdots\cdots (3)$$

상자를 넘어뜨리지 않고 밀려면?
– 핵심은 폭

그림 1과 같이 책상 위에 상자를 놓고 미는 지점의 높이 h를 ①, ②, ③과 같이 바꾸어 가면서 밀다 보면, 어느 지점에서 상자가 앞으로 넘어질 것이다. ①의 **하단**의 그림에서 앞절에서와 같이 F와 w를 작용선상에서 이동시켜 합력 F_w를 만든다. F_w의 작용선과 책상표면이 교차하는 점 P가 상자와 책상의 접촉면 내에 있을 때 상자는 안정적이다.

점 P에 수직항력 N이 생기면, 정지마찰력 f가 발생한다. 상자는 w와 N, F와 f, F_w와 R에서 힘의 평형을 유지한다. 여기서 힘을 주는 위치 h에 따라 F와 w의 힘의 사변형의 높이가 바뀌는 것을 알 수 있다.

②에서 힘 F와 무게 w의 합력 F_w의 작용선이 상자의 아래 끝점 P를 지나는 h 높이가 균형의 한계가 된다. h의 위치가 ②에서보다 ③처럼 높아지면, 점 P가 상자의 끝점 O를 지나 접촉면 밖으로 나오게 되면 상자는 점 O에서 제동이 걸리게 되는 것이다.

그렇다면 잘 미끄러질 수 있는 조건에 대해 한 번 알아보자. 그림 2와 같이 폭 b의 상자를 힘 F, 힘의 작용높이 h, 정지마찰계수가 μ인 면에서 밀어보자. 상자의 높이, 즉 무게중심 G의 높이는 고려하지 말고, 상자의 끝점을 P라고 하자.

① 점 P를 중심으로 반시계 방향의 회전과 시계 방향의 회전에 대한 돌림힘을 찾는다. 힘은 F와 w뿐이다. 점 P가 정지마찰력 f의 작용선상에 있으므로 f에 의한 돌림힘은 생기지 않는다.

② 돌림힘의 평형을 구하는 식 (1) $w\dfrac{b}{2} - Fh = 0$으로부터, 식 (2) $F = \dfrac{wb}{2h}$의 F를 구할 수 있다.

③ F와 f는 같으므로, 식 (3) $\dfrac{wb}{2h} = \mu w$로부터 식 (4) $h = \dfrac{b}{2\mu}$를 구한다.

결과는 힘·중량·무게중심의 위치에 관계 없이 폭이 넓고 잘 미끄러지는 것일수록 h가 높다는 것을 알 수 있다.

그림1 넘어지지 않는 한계는?

① 안정
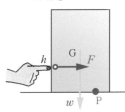

② 한계
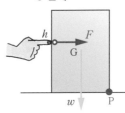

③ 넘어진다
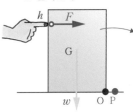

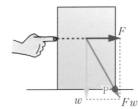

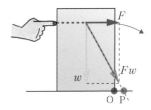

그림2 한계 높이를 생각한다

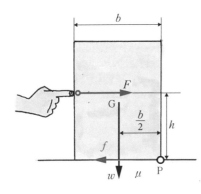

h: 힘의 작용점의 높이
F: 힘
b: 폭
μ: 정지마찰계수

① 점 P를 중심으로

반시계 방향으로 회전하는 돌림힘: $w\dfrac{b}{2}$

시계 방향으로 회전하는 돌림힘: Fh

② 돌림힘과 평형을 이루고 있으므로

$$w\frac{b}{2} - Fh = 0 \quad \cdots\cdots (1)$$

$$\therefore F = \frac{wb}{2h} \quad \cdots\cdots (2)$$

③ 힘 = 정지마찰력에서 평형을 이루고 있으므로

$$F = f = \mu w$$

$$\frac{wb}{2h} = \mu w \quad \cdots\cdots (3)$$

$$\therefore \boxed{h = \frac{b}{2\mu}} \quad \cdots\cdots (4)$$

3-22
돌림힘의 역할
– 짝힘과 돌림힘을 만드는 힘

생활 속에서 돌림힘을 생각해 보자. 그림 1과 같이 용기 뚜껑을 열고 닫을 때나 큰 핸들을 돌릴 때 뚜껑이나 핸들에 **같은 크기로 역방향의 힘이 평행**하게 작용한다. 이런 힘을 **짝힘**이라고 부른다.

짝힘은 각도를 가진 복수의 힘이나 평행하게 같은 방향으로 작용하는 복수의 힘처럼 합성할 수가 없다. 짝힘을 받는 물체는 이동하지 않고 회전만 한다. 그러므로 회전만을 이용하고 싶은 경우에는 자연스럽게 짝힘이 생기는 형태가 사용되는 것이다.

짝힘이 가진 회전시키는 능력을 **짝힘에 의한 돌림힘**이라고 부르고, 힘의 크기와 두 힘의 작용선의 수직거리의 곱으로 크기를 나타낸다.

다음으로 돌림힘이 만들어내는 힘의 크기를 생각해 보자.

그림 2에 나타난 자전거 페달은 크랭크라는 팔의 회전축에 부착한 스프로킷(체인기어)을 회전시켜 체인을 돌리는데, 이 체인은 뒷바퀴를 회전시킨다. 페달을 밟아서 팔의 길이 L과 다리의 힘 F의 곱이 되는 돌림힘 $M = FL$를, 회전축의 중심 O에 가한다. 이 돌림힘은 회전축에 장착한 스프로킷에 가해진다. 스프로킷은 반경 R과 체인에 가하는 힘 T의 곱인 돌림힘 $M = TR$을 받는다. 그리고 체인에 $T = \dfrac{FL}{R}$이라는 증대된 힘을 전달할 수 있게 된다.

스페너도 마찬가지로 반경 R인 나사의 바깥둘레에 $T = F\dfrac{L}{R}$이라는 큰 힘을 전달할 수 있다. 종종 반경 R이 작은 나사를 조일 때 주는 힘 F가 너무 크면, 나사에 작용하는 힘 T가 매우 커 나사를 망가뜨리는 경우도 발생하게 된다.

그림 1 짝힘에 의한 돌림힘

용기 뚜껑

짝힘에 의한 돌림힘

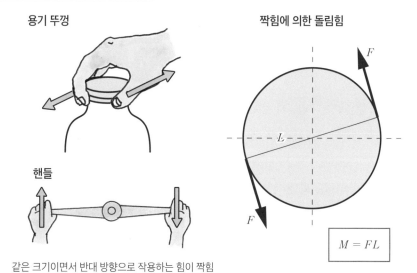

핸들

같은 크기이면서 반대 방향으로 작용하는 힘이 짝힘

$$M = FL$$

그림 2 돌림힘을 만드는 힘

크랭크

스프로킷

나사

체인

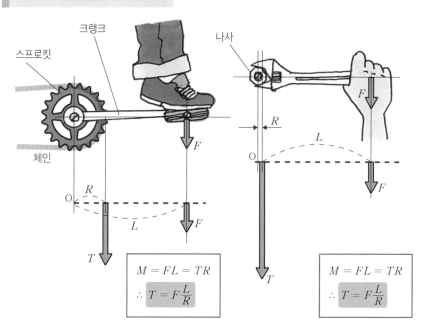

$$M = FL = TR$$
$$\therefore T = F\frac{L}{R}$$

$$M = FL = TR$$
$$\therefore T = F\frac{L}{R}$$

힘의 모멘트와 토크

자동차와 관련하여 우리에게 친숙한 '토크'라는 용어가 있다. 힘과 운동에 관한 용어인데 학교의 이과 교육에서는 사용되지 않는다. 토크는 본문에서 다룬 힘의 모멘트와 동의어로, 주로 기계공학 분야에서 사용되는 용어이다.

돌림힘은 물체를 회전시키는 능력이며, 돌림힘을 발생시키는 밑바탕에는 질량·물체의 형상·전자기·물체의 변형 등 여러 가지가 있다. 그중에서 힘에 의해 물체를 회전시키는 능력이 힘의 모멘트(돌림힘)이다.

기계공학 분야에서는 엔진이나 모터 등의 회전축 토크, 나사를 조이는 토크 등을 사용한다. 또한, 힘의 평형에서는 힘의 모멘트라는 용어도 사용하고 있고 다른 모멘트도 ○○모멘트, □□모멘트로 부르고 있다. 힘의 모멘트 중 어느 것을 토크라고 부르는가 하는 명확한 사용기준은 필자도 잘 모르지만, 일반적으로 축의 비틀림 모멘트를 토크라고 부른다.

기계공학에서는 공통적인 이해가 있다면 짧은 용어를 선호하므로 일반적으로 인정되는 로컬 룰(locale rule)로서 토크가 많이 사용되고 있을 것이다.

현재는 자동차의 전자제어화나 전동어시스트 자전거 보급, 로봇에 의한 컨트롤 등에서 토크나 토크센서라는 말이 사용되고 있다.

4장

일과
에너지

일과 에너지, 모두 귀에 익숙한 용어이다.
역학 중에서도 가장 생활에 밀착되어 있는
개념일지도 모른다. 여러분은 물체를 옮길
때나 자전거를 탈 때 일상생활에서 항상
이 장의 내용을 체험하고 있을 것이다.

일의 정의를 체험해 보자
– 역학에서의 일

1-14절에서 설명한 것과 같이 역학에서 **일**의 정의는 '힘을 가해 물체를 이동시키는 것'이다. **일의 크기는 힘 × 거리**이고, 단위는 고유한 명칭을 가진 조립단위인 [J](줄)을 사용한다.

그림 1의 ①은 물체가 주어진 힘 F의 방향으로 거리 s만큼 이동한 경우로, 물체가 받은 일 W는 $W = Fs$이다. ②는 운동하는 방향에 대해서 힘이 각도 θ로 작용한 경우는 물체의 이동 방향으로의 힘의 성분 $F_x = F \cos \theta$를 구하여 이동거리와의 곱을 구하면 된다.

①과 ②에서 물체의 질량과 마찰은 생각하지 않는다. 그 이유는 물체의 질량과 마찰이 어느 정도인지 관계없이 물체를 이동하는 데 가해 준 힘 F를 고려하기 때문이다.

그림 2에서 1 J의 일을 체험해 보자. 100 g의 물체의 중력이 약 1 N(실제로 0.98 N)이다. 이 물체를 위쪽으로 1 N의 힘으로 높이 1 m까지 들어올렸을 때, 물체는 1 J의 일을 받았다고 한다.

자, 여기에서 '1 N의 물체를 1 N의 힘으로 들어올릴 수 있을까?'라는 의문을 가질지도 모르지만, 확실히 위와 아래를 향해 1 N의 힘이 평형을 이루고 있다면 멈춰 있는 물체가 움직이지는 않는다. 그러나 그림 2의 위치 ①에서 순간적으로 손이 물체에 위쪽으로 힘을 주어 움직이기 시작한 후 곧바로 등속도 운동을 한다면, 관성의 법칙에 의해 두 개의 힘이 균형을 이루고 있는 물체는 계속 움직일 것이다. 그리고 ② 직전에 아래로 향하는 힘을 순간적으로 주면 멈추게 된다.

①에서 순간적으로 위로 향하는 $+ W'$의 양의 일, ②에서 순간적으로 아래로 향하는 $- W'$의 음의 일을 받으므로 서로 상쇄되고, 일의 총합은 등속도 운동을 하고 있는 동안에 $W = Fs = 1$ N이 되므로 물체는 1 N의 일을 받는 것이다.

그림1 일의 정의

① 힘을 주는 방향으로 움직인 경우

$$W = Fs \, [\text{J}]$$

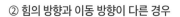

② 힘의 방향과 이동 방향이 다른 경우

$$F_x = F \cos \theta$$
$$W = F_x \cdot s$$
$$\quad = Fs \cos \theta \, [\text{J}]$$

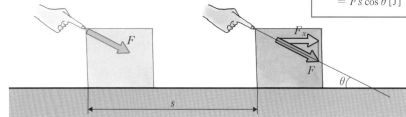

그림2 1 J을 체험해 보자

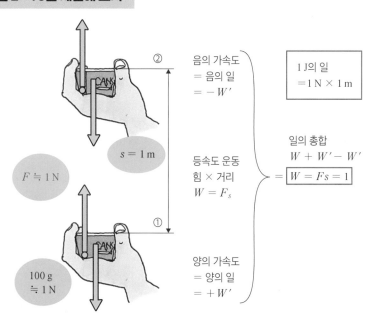

음의 가속도
= 음의 일
= $-W'$

$\boxed{\begin{array}{c} 1 \text{ J의 일} \\ = 1 \text{ N} \times 1 \text{ m} \end{array}}$

② $s = 1 \text{ m}$

$F \fallingdotseq 1 \text{ N}$

등속도 운동
힘 × 거리
$W = F_s$

일의 총합
$W + W' - W'$
$= \boxed{W = Fs = 1}$

①

양의 가속도
= 양의 일
= $+W'$

100 g
$\fallingdotseq 1 \text{ N}$

127

주방에서 실험해 보자
— 힘과 일

주방에서 할 수 있는 간단한 실험을 해보자. 300 g 정도의 물을 컵에 부으면 이것으로 준비 완료이다.

그림 1과 같이 컵 안의 물이 출렁이지 않도록 가만히 1 m 정도 팔을 수평으로 움직여 주면 이것으로 실험은 끝이다.

어떤가? 컵에 일을 주었다는 생각이 드는가? 아마 일을 했다고 느끼지 않을 것이다.

속도와 가속도 그래프를 그리면, 가속도가 시작과 끝에 순간적으로 발생하여 힘을 수반함으로 양과 음의 일을 한 것이 된다. 하지만 이 두 가지 일은 양과 음의 일로 합하면 알짜 일은 0이 된다. 초기와 마지막의 중간 과정에서는 가만히 움직이는 동안에는 등속도 운동으로 가속도가 0이므로 일은 0입니다. 즉, 이 운동은 컵에 일을 해주지 않은 것이다.

그러면 그림 2와 같이 수면이 컵 뒤쪽에서 출렁일 정도로 강한 힘을 받도록, 1 m 정도 팔을 수평으로 움직여 보자. 이번에는 컵에 일을 준 느낌이 드는가?

이 운동은 등가속도 운동이다. 속도와 가속도 그래프를 대략적으로 그려보면 가속도는 컵에 운동 방향으로 힘 F_x를 부여한다. 즉, 일 = 힘 × 거리의 관계가 성립하게 된다.

조건을 적당히 주고 어림 계산하면, 오른쪽과 같고 이 계산은 지금까지 설명한 기본적인 내용이다.

식 (1) $s = \dfrac{1}{2}at^2$은 등가속도 운동이고, 식 (2) $F_x = ma$는 힘의 정의이며, 식 (3) $W = F_x s$가 일의 정의이다. 결과인 2.4 J은 240 g의 물체를 수직으로 1 m 들어올린 일과 같다는 뜻이다. 이때 중력의 가속도 g를 약 10 m/s²으로 두고 계산하였다. 이 실험은 정확한 것은 아니지만 힘과 일의 관계를 알 수 있다.

그림1 일이 제로

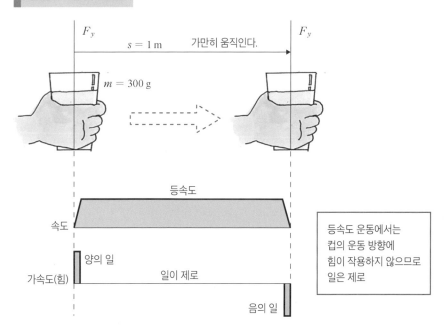

F_y
$s = 1\,\text{m}$　가만히 움직인다.
F_y

$m = 300\,\text{g}$

등속도

속도

양의 일

가속도(힘)

일이 제로

음의 일

> 등속도 운동에서는
> 컵의 운동 방향에
> 힘이 작용하지 않으므로
> 일은 제로

그림2 일이 발생한다

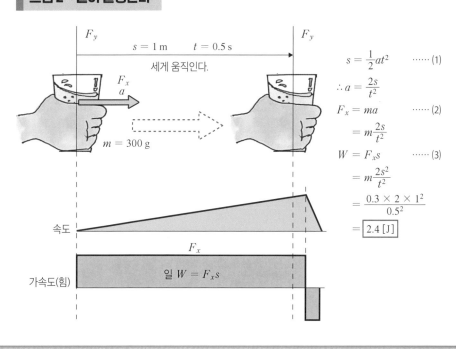

F_y
$s = 1\,\text{m}$　　$t = 0.5\,\text{s}$
F_y
세게 움직인다.

F_x
a

$m = 300\,\text{g}$

속도

F_x

가속도(힘)

일 $W = F_x s$

$$s = \frac{1}{2}at^2 \qquad \cdots\cdots (1)$$

$$\therefore a = \frac{2s}{t^2}$$

$$F_x = ma \qquad \cdots\cdots (2)$$

$$= m\frac{2s}{t^2}$$

$$W = F_x s \qquad \cdots\cdots (3)$$

$$= m\frac{2s^2}{t^2}$$

$$= \frac{0.3 \times 2 \times 1^2}{0.5^2}$$

$$= \boxed{2.4\,[\text{J}]}$$

일을 편하게 할 수 없을까?
– 도르래의 일

도르래에 대해서 알고 있어도 막상 문제에 대답하려고 하면 혼란스러워지기 쉽다. 그림 1의 도르래의 일에 대해 생각해 보자. 여기서 도르래나 로프 등의 중량과 마찰은 무시하기로 한다.

①이 힘의 균형이다. 물체의 중량 100 N은 도르래를 지탱하는 천장의 점 A와 손의 점 P 두 곳에 균등하게 나누어져 있으므로, 로프의 장력은 50 N이 된다. 따라서 균형을 이루는 힘 F도 50 N이다.

②에서 사람과 물체가 서로 주고받은 일을 생각해 보자. 물체와 도르래가 s만큼 상승하면, 도르래에 걸리는 양쪽 로프가 각각 s씩 위로 들어올려진다. 로프의 길이는 일정하므로 힘을 가하는 P점은 $2s$씩 올라가야 한다. 예로서 $s = 1$ m일 때, 식 (1) $W = 2Fs$인 사람이 한 일과 식 (2) $W = mgs$의 물체가 받은 일은 모두 100 J이 된다. 도르래에서 사람이 준 힘은 물체 중량의 반이 되었지만 이동거리가 2배가 되었으므로 일의 양은 변하지 않는다.

그림 2와 같이 중량이 2 N인 도르래 3개를 연결하여 물체를 매단 막대 모양의 부재의 중량이 6 N인 장치로, 물체를 1 m 들어올린다고 하자. 이 일에 의해 들어올려진 부분을 A라고 하였을 때 A의 합계 중량 612 N은 A의 상단에 임의의 선 B와 로프가 교차하는 6곳에 균등하게 나누어져 있다. 즉, 한 곳당 102 N의 장력이 걸리고 이것이 식 (1)의 힘 F이다.

A가 1 m 상승하므로 힘 F는 로프를 6 m 당기게 된다. 힘 × 거리에서 일을 구하면, A의 부분이 받는 일은 식 (2)의 612 J이고, 힘 F가 주는 일은 식 (3)의 612 J가 되어 똑같아진다.

마지막으로 검산을 하는 방법으로 식 (4)의 상향의 힘의 합계와 식 (5)의 하향의 힘의 합이 평형을 이루는 것을 확인한다.

그림1 　도르래의 일

① 힘의 균형

② 주고받은 일

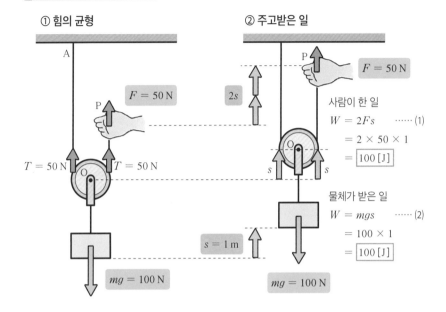

$F = 50\,\text{N}$

$T = 50\,\text{N}$　$T = 50\,\text{N}$

$s = 1\,\text{m}$

$mg = 100\,\text{N}$

$F = 50\,\text{N}$

$2s$

사람이 한 일

$W = 2Fs$　　$\cdots\cdots$ (1)

$= 2 \times 50 \times 1$

$= \boxed{100\,[\text{J}]}$

물체가 받은 일

$W = mgs$　　$\cdots\cdots$ (2)

$= 100 \times 1$

$= \boxed{100\,[\text{J}]}$

$mg = 100\,\text{N}$

그림 2 　조합이 된 도르래의 일

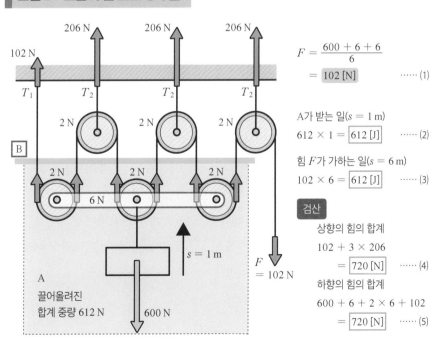

102 N

206 N　206 N　206 N

T_1

T_2　T_2　T_2

2 N　2 N　2 N

B

2 N　2 N　2 N

2 N　2 N　2 N

6 N

$s = 1\,\text{m}$

F
$= 102\,\text{N}$

A
끌어올려진
합계 중량 612 N

600 N

$F = \dfrac{600 + 6 + 6}{6}$

$= \boxed{102\,[\text{N}]}$　　$\cdots\cdots$ (1)

A가 받는 일($s = 1\,\text{m}$)

$612 \times 1 = \boxed{612\,[\text{J}]}$　$\cdots\cdots$ (2)

힘 F가 가하는 일($s = 6\,\text{m}$)

$102 \times 6 = \boxed{612\,[\text{J}]}$　$\cdots\cdots$ (3)

검산

상향의 힘의 합계

$102 + 3 \times 206$

$= \boxed{720\,[\text{N}]}$　$\cdots\cdots$ (4)

하향의 힘의 합계

$600 + 6 + 2 \times 6 + 102$

$= \boxed{720\,[\text{N}]}$　$\cdots\cdots$ (5)

삼각형을 이용한 일의 지혜
– 경사면의 일

고대로부터 사용되고 있는 **경사면의 효과는 같은 일을 작은 힘으로 끝낼 수 있다**는 것이다. 이것을 역학으로 생각해 보자.

그림 1에서 50 N의 물체를 1.5 m 높이까지 이동시키는데, Ⓐ는 경사면을 이용하여 끌어올리고 Ⓑ는 수직으로 끌어올리려고 하고 있다. 마찰 등의 저항을 생각하지 않고 두 사람의 일을 비교해 보자.

Ⓐ의 움직임에 필요한 힘 F_A는 중량 50 N의 비탈 성분 25 N이고, 이동거리는 3 m 이다. 즉, Ⓐ가 한 일은 $25 \times 3 = 75$[J]이 된다(①). 한편 Ⓑ의 움직임에 필요한 힘 F_B는 50 N이고, 이동거리는 1.5 m이다. 즉, Ⓑ의 일은 $50 \times 1.5 = 75$[J]이다(②).

①과 ②의 결과로 보면 Ⓐ와 Ⓑ의 일의 양은 같다. 다만 Ⓐ가 필요로 하는 힘은 Ⓑ의 반이므로 힘의 면에서는 이득을 보았다. 그러나 이동시킨 거리가 길기 때문에, 일은 같다고 볼 수 있다.

실제로는 경사면의 마찰이 있으므로 Ⓐ는 25 N 이상의 힘이 필요하지만, 그래도 Ⓑ보다는 편하게 끌어올릴 수 있다.

경사면과 마찬가지로 고대로부터 사용되고 있는 것은 **쐐기**이다. 채석장에서 쐐기를 박아서 거석을 잘라내고, 그 잘라낸 거석 아래에 쐐기를 박아 넣어 거석을 들어올렸다는 이야기가 전해진다. 쐐기의 주된 목적은 이동거리가 아니라 **주어진 일로부터 가장 큰 힘을 만들어내는 데** 있다.

그림 2에서 힘 F를 주면 쐐기의 표면과 직각으로 2개의 큰 분력이 생긴다. 이 분력은 쐐기 끝의 각도를 2θ로 나타내면, 식에 나타낸 것처럼 $\sin \theta$에 반비례한다. $\sin \theta$의 값은 1 이하로 그림에서도 알 수 있듯이 θ가 작아질수록 분력이 커진다.

그림1 경사면과 일

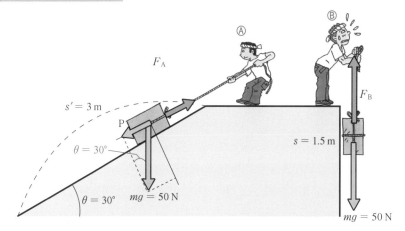

$s' = 3\,\text{m}$

F_A

Ⓐ Ⓑ

F_B

P

$\theta = 30°$

$\theta = 30°$

$mg = 50\,\text{N}$

$s = 1.5\,\text{m}$

$mg = 50\,\text{N}$

① Ⓐ의 일

$F_A = P = mg\sin\theta = 50/2\ \boxed{[25\,\text{N}]}$

$W_A = F_A S' = 25 \times 3 = \boxed{[75\,\text{J}]}$

② Ⓑ의 일

$F_B = mg = \boxed{[50\,\text{N}]}$

$W_B = F_B S = 50 \times 1.5 = \boxed{[75\,\text{J}]}$

그림2 쐐기와 일

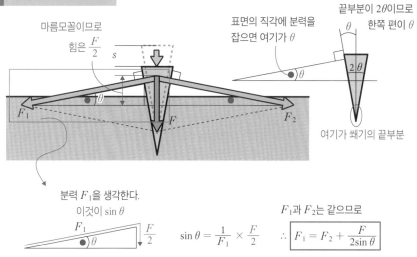

마름모꼴이므로
힘은 $\dfrac{F}{2}$

s

표면의 직각에 분력을
잡으면 여기가 θ

끝부분이 2θ이므로
한쪽 편이 θ

θ

2θ

θ

F_1

θ

F

F_2

여기가 쐐기의 끝부분

분력 F_1을 생각한다.
이것이 $\sin\theta$

F_1

θ

$\dfrac{F}{2}$

θ가 작을수록 F_1은 커진다.

$\sin\theta = \dfrac{1}{F_1} \times \dfrac{F}{2}$

F_1과 F_2는 같으므로

$\therefore \boxed{F_1 = F_2 + \dfrac{F}{2\sin\theta}}$

4-5 일과 에너지의 관계

에너지는 일을 하는 능력이다. 다음의 미닫이문의 원리로부터 에너지와 일의 관계를 알아보자.

그림 1은 일반 음식점에서 자주 볼 수 있는 미닫이문이다. 문의 원리와 구조를 자세히 살펴보면 추를 단 와이어가 도르래와 함께 미닫이문에 설치되어 있다. 추가 맨 아래에 있을 때는, 항상 미닫이문이 닫히도록 와이어의 길이와 추의 중량이 정해져 있다. 사람이 문을 열면 추가 위로 올라가고 손을 떼면 추가 하강하여 문이 닫힌다.

만약 기둥 옆에 있는 작은 선반에 추를 얹어 놓을 때는 미닫이문이 닫히지 않도록 설계한 것이다. 레일과 도르래, 와이어의 마찰이 미닫이문의 움직임을 적절하게 조절하도록 되어 있다.

역학으로 생각해 보자. 그림 2의 ①에서 사람은 문을 밀어서 추를 들어올린다. 추가 상승하는 만큼 사람이 문에 주는 일이 늘어나고 추의 위치에너지를 증가시킨다. 문이 모두 열리면 추의 위치에너지 증가도 멈추게 된다.

사람이 손을 떼면 ②와 같이 추는 중력으로 하강하면서 문을 당긴다. 하강함에 따라 추가 문에 주는 일이 늘어나 추의 위치에너지가 감소한다. 추가 낙하하여 바닥에 닿게 되면 문이 받은 일이 최대가 되고 추의 위치에너지가 0이 된다.

이 예로부터도 **물체는 받은 일에 동등하게 에너지가 증가하며, 행한 일과 동등하게 에너지가 감소하는 것**을 알 수 있다.

그림1   중력으로 닫히는 미닫이문

① 문이 닫혀 있고 추가 아래에 있다.

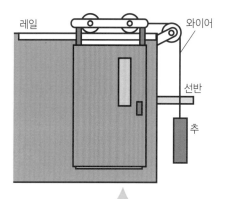

② 문이 열리면 추가 올라간다.

③ 손을 떼면 추가 하강하며 문이 닫힌다.

그림2   일 ⇔ 에너지

① 사람의 일 → 추의 에너지

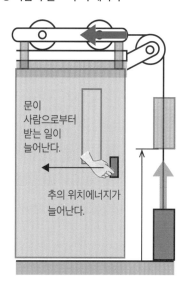

② 추의 에너지 → 일

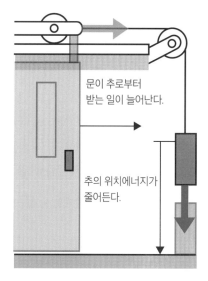

고전역학에서 생각하는 물체의 에너지
– 역학적 에너지

자연계에는 여러 가지의 에너지가 있다. 뉴턴역학에서는 다음 두 가지를 **역학적 에너지**라고 한다.

● **운동에너지**: 물체가 속도를 가지고 있을 때

● **위치에너지**: 물체가 임의의 높이(위치)에 있을 때

에너지와 일은 주고받을 수 있기 때문에 단위는 [J]이다.

그림 1에 질량 1 kg과 2 kg의 물체가 속도 1 m/s와 2 m/s로 운동하는 조건을 조합하여, 운동에너지 T의 크기를 나타냈다. **운동에너지의 크기는 질량 × 속도의 제곱에 비례한다.**

자전거로 브레이크를 밟을 때, 질량이 크고 속력이 빠를수록 제동하기가 힘든 것은 운동에너지를 0으로 만들기 위해 큰 음(−)의 일이 필요하게 되기 때문이다.

그림 2는 질량 1 kg과 2 kg의 물체가 높이 0.5 m와 1 m에 있을 때 갖는 중력에 의한 위치에너지 U의 크기이다. **위치에너지의 크기는 질량 × 높이에 비례한다.**

손에서 미끄러져 우유팩을 바닥에 떨어뜨렸을 때 30 cm 정도의 높이에서 떨어진다면 용기가 찌그러지는 정도지만, 더 높은 곳에서 떨어지는 물체는 더 큰 일을 할 수 있으므로 1 m 정도의 높이에서 떨어지면 용기에 가하는 손상은 훨씬 더 클 것이다.

여기서 주의할 것은 에너지는 능력이기 때문에 일을 할 때까지 유지되는 것이다. 그림 1의 물체는 등속도 운동을 하는 동안 운동에너지는 유지된다. 그림 2의 물체가 언제까지나 그대로의 높이를 유지한다면 위치에너지의 크기는 유지된다. **에너지의 크기는 에너지가 0이 될 때까지 수행할 수 있는 일의 양, 즉 능력을 나타내고 있기 때문이다.**

그림1 운동에너지

운동에너지

$$T = \frac{1}{2}mv^2$$

질량 m × 속도 v의
제곱에 비례한다.

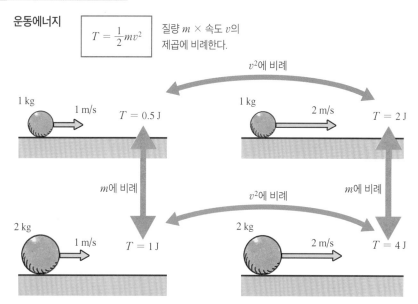

질량이 크고 빠를수록 에너지는 크다.

그림2 위치에너지

위치에너지

$$U = mgh$$

질량 m×높이 h에 비례한다.

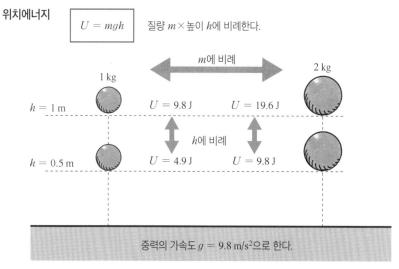

중력의 가속도 $g = 9.8\ \text{m/s}^2$으로 한다.

질량이 크고 높은 위치에 있을수록 에너지는 크다.

4-7 스프링의 일과 에너지
- 탄성에너지

우리가 볼펜이나 샤프 끝부분을 누르면 내장된 스프링에 에너지가 저장되고 복원하는 일을 한다. 스프링에 대해 생각해 보자.

그림 1의 ①과 같이 고체는 힘을 받으면 힘에 비례하여 조금 변형되고, 힘을 제거하면 원래의 형태로 되돌아간다. 이 성질을 **탄성**이라고 부른다. 힘 F와 힘에 의해 변형된 변위 x, 비례상수를 k라고 하면 $F = kx$로 나타낼 수 있다. 비례상수를 **탄성계수**라고 한다. 이 관계를 발견한 과학자의 이름을 따서 **후크의 법칙**이라고 한다. 단, 후크의 법칙은 스프링에 국한된 이야기는 아니다.

②의 스프링도 힘 F와 변위 x가 어떤 범위에서 비례하므로, 후크의 법칙을 적용하여 $F = kx$로 나타낼 수 있다. 스프링의 비례상수는 **스프링 상수**라고 한다. 스프링 상수의 단위는 조립단위인 [N/m]이다.

②의 예와 같이 20 N의 힘 F를 주어 0.1 m의 변위(길이변화) x가 있었을 때, 스프링 상수는 $k = \dfrac{F}{x} = \dfrac{20}{0.1} = 200 \text{ N/m}$이 된다.

그림 2에서는 스프링의 한쪽 끝에 추를 달아 힘 F로 x만큼 스프링을 늘리고 있는 경우이다. 이 변위와 힘을 그래프로 나타내면 직선의 기울기가 스프링 상수 k가 되고 직선으로 둘러싸인 삼각형의 면적이 일 W가 되며 힘이 스프링에게 준 일이 된다.

스프링이 일을 받아 늘어난 상태를 유지하고 있다면, 이 스프링은 에너지를 축적하고 있다고 볼 수 있다. 이 축적된 에너지를 **탄성에너지**라고 한다. 탄성에너지는 변위가 x 만큼 증가함에 따른 위치에너지이다. 예를 들어 스프링 상수 400 N/m의 스프링이 5 cm 잡아 당겨져 멈추어 있을 때, 스프링이 가진 탄성에너지는 0.5 J이 된다.

그림 1 후크의 법칙과 스프링 상수

① 탄성체에 있어서 후크의 법칙

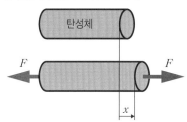

② 스프링의 경우

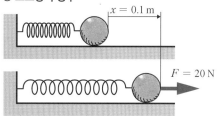

후크의 법칙 $\boxed{F = kx}$

● **고체의 탄성체**
k: 탄성계수

● **스프링**
k: 스프링 상수 [N/m]

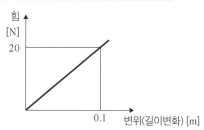

$$k = \frac{F}{x} = \frac{20}{0.1} = \boxed{200 \ [\text{N/m}]}$$

그림 2 탄성에너지

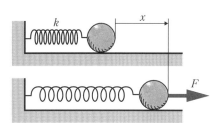

● **스프링이 받은 일**

$$W = \frac{1}{2}Fx$$
$$= \frac{1}{2}kx \cdot x = \boxed{\frac{1}{2}kx^2}$$

● **스프링이 가진 탄성에너지**

$$U = \boxed{\frac{1}{2}kx^2}$$

● $k = 400 \ \text{N/m}$인 스프링이
0.05 m 늘어났을 때

$$U = \frac{1}{2}kx^2 = \frac{1}{2} \times 400 \times 0.05^2$$
$$= \boxed{0.5 \ [\text{J}]}$$

중력은 에너지를 보존시키는 힘
– 역학적 에너지보존의 법칙

물체의 위치에너지를 다음과 같이 생각해 보자.

중력과 역방향으로 물체를 높은 곳으로 들어올려 그 높이를 유지하면 물체가 받은 일이 보존된다. 그리고 중력은 항상 물체를 끌어당기므로, 물체는 받은 일을 위치에너지로 보존할 수 있다. 중력은 보존 가능한 위치에너지를 물체에 주는 힘이므로 **보존력**이라고 한다.

여기서 위치에너지의 크기는 물체의 높이만으로 결정된다. 즉, **어떤 경로로 물체를 들어올려도 일은 동일하다.** 또 중력이 물체를 끌어당기는 일도 높이만으로 결정된다. 즉, **어떤 경로로 물체를 끌어내려도 중력이 물체에 미치는 일은 동일하다.** 이것이 보존력의 성질이다(그림 1).

다음으로 물체의 자유낙하와 중력의 관계를 생각해 보자. 자유낙하에서 물체에 작용하는 힘은 중력뿐이다. 즉, **자유낙하는 중력이 물체를 끌어당기는 일을 하고 있는 것**이다.

그림 2의 상태 ①부터 ②로의 운동에서, 물체는 속도가 증가하므로 운동에너지가 증가한다. 중력은 위치에너지가 감소한 만큼의 일을 물체에게 한다. 식 (1)의 좌변은 운동에너지의 변화를, 우변은 위치에너지의 변화를 나타내며 위치에너지의 변화량과 운동에너지의 변화량은 같으므로 식 (1)을 세울 수 있다. 식 (1)로부터 좌변을 상태 ①, 우변을 상태 ②로 변형한 것이 식 (2)이다. 즉, 어떤 상태에서도 위치에너지와 운동에너지의 총합이 같다는 것을 나타낸다. 이것을 식 (3)과 같이 어느 시점의 위치에너지와 운동에너지의 합은 일정하다고 나타낼 수 있다.

이렇게 생각하면 중력, 즉 보존력만을 받아서 운동하는 물체는 어느 높이에서도 위치에너지와 운동에너지를 합한 역학적 에너지의 총합이 항상 일정하다고 할 수 있다. 이를 **역학적 에너지보존의 법칙**이라고 한다.

그림1 중력은 보존력

① 중력과 위치에너지

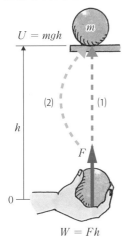

$U = mgh$

h

0

F

$W = Fh$

② 중력이 하는 일

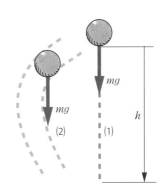

mg

(2)

mg

(1)

h

중력을 거스르며 들어올리는 일도,
중력이 물체에게 가하는 일도 경로에 관계없이 mgh

그림2 역학적 에너지보존의 법칙

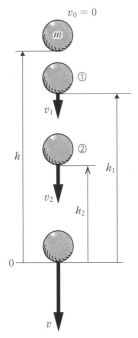

$v_0 = 0$

①

v_1

②

v_2

h

h_1

h_2

0

v

①에서 ②로의 운동에서
물체가 받은 에너지　중력이 한 일

$$\frac{1}{2}mv_2{}^2 - \frac{1}{2}mv_1{}^2 = mgh_1 - mgh_2 \quad \cdots\cdots (1)$$

상태 ①　　　　상태 ②

$$\therefore mgh_1 + \frac{1}{2}mv_1{}^2 = mgh_2 + \frac{1}{2}mv_2{}^2 \quad \cdots\cdots (2)$$

어떤 상태이든 식 (2)는 성립하므로

$$E = mgh + \frac{1}{2}mv^2 = 일정 \quad \cdots\cdots (3)$$

역학적 에너지보존 법칙
위치에너지와 운동에너지의
총합이 항상 일정

141

롤러코스터를 움직이는 것
– 역학적 에너지보존 법칙의 이용

롤러코스터는 모터의 힘으로 꼭대기까지 이동하여 미끄러지기 시작한 후에는 **하강 운동 중 외부로부터 힘을 공급받지 않고** 종점까지 도달할 수 있다. 복잡한 코스에서 어떻게 이런 운동을 할 수 있을까? 그것은 역학적 에너지보존의 법칙을 이용하고 있기 때문이다.

여기에서 '역학적 에너지보존의 법칙은 자유낙하에서만?'이라고 생각되지는 않는가? 앞 절에서 '보존력만 받아서 운동하는 물체는 어느 높이에서도 위치에너지와 운동에너지를 합한 역학적 에너지의 총합이 항상 같다'라고 설명했다. 롤러코스터는 매끄러운 레일 위에서 중력과 레일에서의 수직항력을 받는데, 수직항력은 운동 방향과 항상 수직이므로 일을 만들지 못한다. 그래서 롤러코스터는 중력, 즉 **보존력만의 운동**인 것이다. 그리고 보존력의 성질은 높이로만 결정되며 중간 경로에는 관계가 없다. 즉, 어떤 코스에서도 역학적 에너지가 보존되는 것이다(그림 1).

그러면 역학적 에너지보존의 법칙에서 롤러코스터의 운동을 살펴보자(그림 2). 간단하게 이 문제를 이해하기 위해 정점에서의 속도를 0이라고 하고 최하점에서의 높이는 0이라고 하자. 질량은 식의 모든 항을 질량으로 나누면 소거할 수 있다. 그러면 자유낙하에서 설명했던 고도차만으로 변화 후의 속도를 구하는 식을 세울 수 있다.

이 식을 사용하여 야마나시현 후지큐하이랜드의 후지야마(FUJIYAMA)라는 롤러코스터의 고도차 70 m로부터 속도를 구하면 135 km/h가 된다. 공식적으로 기록된 최고 속도는 130 km/h로 실제의 저항을 생각한다면, 이 속도는 이론적 계산 값과 거의 동일하다고 볼 수 있다.

그림 1 롤러코스터와 역학적 에너지의 보존

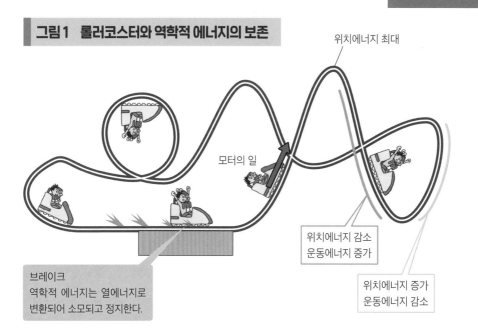

위치에너지 최대

모터의 일

위치에너지 감소
운동에너지 증가

위치에너지 증가
운동에너지 감소

브레이크
역학적 에너지는 열에너지로
변환되어 소모되고 정지한다.

그림 2 롤러코스터의 최고 속도는?

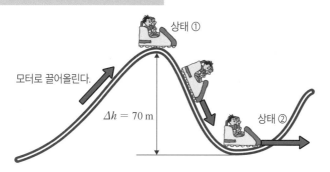

상태 ①

모터로 끌어올린다.

$\Delta h = 70 \, \text{m}$

상태 ②

$$mgh_1 + \frac{1}{2}mv_1{}^2 = mgh_2 + \frac{1}{2}mv_2{}^2$$ ⋯⋯ 역학적 에너지보존 법칙의 식

$$mgh_1 = mgh_2 + \frac{1}{2}mv_2{}^2$$

$$mg(h_1 - h_2) = \frac{1}{2}mv_2{}^2$$

$$\therefore \boxed{v_2 = \sqrt{2g(h_1 - h_2)}}$$

⋯ 높이차로 속도가 결정된다.

최고 속도의 계산 예

$$v_2 = \sqrt{2g(h_1 - h_2)}$$
$$= \sqrt{2 \times 10 \times 70} \times 3.6$$
$$\fallingdotseq 135 \, [\text{km/h}]$$

그네의 진자운동
– 역학적 에너지보존의 법칙과 진자

이제 겨우 그네에 앉을 수 있게 된 아이를 그네에 태우고 부모가 조용히 밀어주는 모습은 **진자운동**으로서, 역학적 에너지보존의 법칙을 생각하기에 적합하다.

스스로 그네를 탈 수 없는 아이가 그네에 앉아 있는 것만으로 운동은 발생하지 않는다. 그래서 부모가 그네를 어느 정도의 높이까지 끌어올려 주면 그네에 앉은 아이는 부모로부터 일을 받아 위치에너지를 보존한다. 부모가 손을 떼면 아이는 중력에 의해 아래로 내려가고 아이가 최하점을 통과한 후에는 다시 올라가며 반대편의 최고점에 도달한 후에 되돌아오는 운동을 경험한다(그림 1).

이 운동에서 마찰 등의 저항이 없다고 한다면 작용하는 힘은 중력과 그네를 지탱하는 장력뿐이다. 장력은 운동 방향과 수직으로 작용하므로 운동에 관여하지 않지만, 운동에 관여하는 힘은 보존력인 중력뿐이다. 즉, 중력에 의해서만 운동의 변화가 일어나므로 바로 역학적 에너지가 보존되는 운동이다.

그네의 움직임을 실에 매달아 놓은 추의 진자운동으로 바꾸어 최하점의 속도를 역학적으로 생각해 보자. 이 운동에서 필요한 변수는 실의 길이고 질량은 결과에서 소거되고 말겠지만 처음 단계에서는 이용을 하자. 추를 매단 실을 임의의 각도로 끌어올리면 높이는 각도로부터 구할 수 있다(그림 2).

끌어올린 점에서 움직이기 직전까지 추는 위치에너지만을 가지고 최하점에서는 운동에너지만을 가지게 된다. 최고점의 위치에너지와 최하점의 운동에너지의 크기가 같으므로 역학적 에너지보존의 법칙 식을 세워서 정리하면, 앞 절과 마찬가지로 높이 차로 속도가 결정되는 식을 세울 수 있다. 여기서 추에 작용하는 장력은 운동의 방향과는 관계가 없다.

그림1   그네 타는 부자

그네와 역학적 에너지보존의 법칙

$0 \rightarrow 1$ 부모가 그네에게 일을 한다.
 1 위치에너지 최대
$1 \rightarrow 2$ 위치에너지 감소
   운동에너지 증가
 2 운동에너지 최대
$2 \rightarrow 3$ 위치에너지 증가
   운동에너지 감소
 3 운동에너지 제로

그림2   진자의 운동

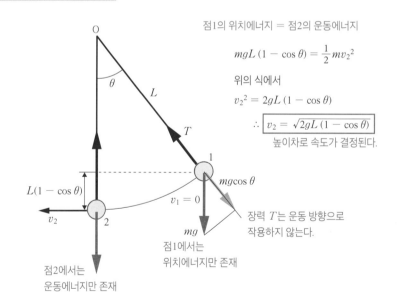

점1의 위치에너지 = 점2의 운동에너지

$$mgL\,(1 - \cos\theta) = \frac{1}{2}mv_2{}^2$$

위의 식에서

$$v_2{}^2 = 2gL\,(1 - \cos\theta)$$

$$\therefore \boxed{v_2 = \sqrt{2gL\,(1 - \cos\theta)}}$$

높이차로 속도가 결정된다.

장력 T는 운동 방향으로
작용하지 않는다.

점1에서는
위치에너지만 존재

점2에서는
운동에너지만 존재

역학적 에너지가 소멸하는 일
- 비보존력

비교적 잘 미끄러지는 표면에 여러 개의 물체를 같은 속도로 밀어서 미끄러지게 하면 무게가 다른 물체라도 거의 같은 장소에 멈춘다. 일상생활에서 이런 경험을 한 적이 있는가?

보존력만이 작용하는 운동에서는 역학적 에너지의 총합은 항상 일정하다. 그리고 마찰이 없는 수평면이라면 높이의 변화가 없으므로, 주어진 속도가 유지되어 끝까지 등속도로 운동하게 된다. 실제로 마찰이 발생하는 바닥의 운동에서는 물체가 갖는 에너지는 마찰에 저항하는 일로 인해 감소하며, 그 감소하는 크기는 마찰에 저항하는 일의 크기만큼 감소한다. 감소한 에너지는 주로 열과 소리가 되어 대기로 확산되며 마찰력처럼 원래 가지고 있는 에너지를 감소시키는 힘이 **비보존력**이다.

그림과 같이 마찰이 발생하는 수평 바닥 위에서 질량 m의 물체를 초기 속도 v로 힘껏 밀어서 미끄러트리면 운동마찰이 발생하여 거리 s만큼 미끄러진 후에 멈춘다. 이 움직임에 대해 알아보자.

운동은 수평면상에서 일어나므로 중력에 의한 위치에너지의 변화는 없다. 물체를 밀어냈을 때 물체에 가해진 에너지는 식 (1) $\frac{1}{2}mv^2$의 운동에너지뿐이다.

이 운동에서 발생하는 운동마찰력 f는 거리 s를 이동하는 동안 음의 일 $mg\mu s$를 하므로 식 (2) $\frac{1}{2}mv^2 - mg\mu s = 0$이라고 할 수 있다. 식 (2)를 s에 대해여 정리하면 식 (3) $s = \frac{v^2}{2\,g\mu}$가 되어 질량 m이 소거된다. 즉, 이 운동에 물체의 질량은 영향을 주지 않는다.

초기 속도 $v = 3$ m/s, 운동마찰계수 $\mu = 0.3$이라고 하면 약 1.5 m 정도 미끄러지게 된다. 적당한 장소를 찾아 실험해 보면 쉽게 이해할 수 있을 것이다.

마찰에 저항하는 일

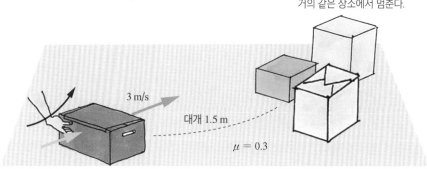

무게가 다른 물체라도 모두
거의 같은 장소에서 멈춘다.

3 m/s

대개 1.5 m

$\mu = 0.3$

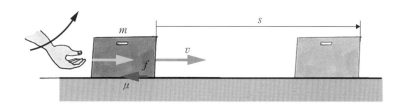

m

s

v

f

μ

$\dfrac{1}{2}mv^2$ ...... (1) ◀ 물체에 가한 운동에너지 T

$\dfrac{1}{2}mv^2 - fs = 0$

$fs = mg\mu s$ ◀ 운동마찰에 저항하던 일 U

$\dfrac{1}{2}mv^2 - mg\mu s = 0$ ...... (2) ◀ $T - U = 0$

$s = \dfrac{v^2}{2g\mu}$ ...... (3)

$= \dfrac{3^2}{2 \times 10 \times 0.3}$

$= \boxed{1.5\,[\text{m}]}$

● 중력의 가속도 g를 10 m/s²으로 한다.
● 운동마찰계수의 값은 여러 번 실험하여
  평균값으로 정한다.

역학적 에너지와 열에너지
– 일과 열

열에 의해 물체가 가지는 에너지를 **열에너지**라고 한다. 역학적 에너지는 쉽게 열에너지로 변화할 수 있지만 자연 상태에서 그 역과정은 불가하다. 열을 다루는 분야를 **열역학**이라고 하고 역학과 열역학은 밀접하게 관련되어 있다.

그림 1에서 운동하는 물체가 마찰력에 대하여 일을 하면, 속도와 함께 역학적 에너지가 감소한다. 그리고 물체로부터 역학적 에너지가 모두 소멸되면 멈추게 된다. 이때 소멸된 역학적 에너지는 열에너지로, 물체 내부와 접촉면에 일시적으로 축적되어 온도를 상승시키고 마지막에는 공기 중으로 확산된다. 그러나 간단한 예로 정지해 있는 물체에 열을 가해도 물체가 움직이지 않는다. 이 예로 보면 에너지가 열로 바뀌는 것은 한 쪽 방향으로의 과정인 것이다. 열은 물체와 물체 사이에서 에너지를 이동시킬 수 있으며, 온도는 열의 상태를 나타내는 척도이다.

그림 2의 ①과 같이 열역학에서는 온도를 **절대온도** T로 나타내며, 절대온도는 고전역학에서 **원자의 운동이 완전히 멈춘다는 절대영도**를 기준으로 한 표시 방법이다. **절대영도**는 일상생활에서 사용하는 섭씨온도 t의 $-273.15\,^{\circ}\mathrm{C}$에 해당하므로, 절대온도와 섭씨온도는 $T \fallingdotseq t + 273$의 관계로 표현된다. 절대온도의 단위는 켈빈[K]이다.

②와 같이 자연계에서는 고온 물체로부터 저온 물체로 열이 이동한다. 열의 이동으로 고온 물체에서 저온 물체로 에너지를 주어 장시간이 경과하여 두 물체가 같은 온도가 되면 열의 이동이 끝나게 되고, 이 상태를 **열평형**이라고 한다.

그림1 에너지는 그 형태를 바꾼다

마찰력에 대하여 일을 하면 역학적 에너지가 감소하여 열에너지가 증가하므로
온도가 상승한다. 열에너지는 마지막에 대기로 확산된다.

자연 상태에서 에너지는 일방통행

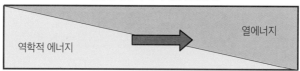

그림2 온도와 열

① 절대온도와 섭씨온도

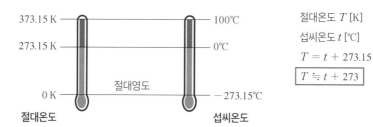

절대온도 T [K]
섭씨온도 t [℃]
$T = t + 273.15$
$\boxed{T ≒ t + 273}$

② 열의 이동이 에너지를 이동시킨다.

열이 에너지를 이동시킨다
– 열운동과 열량

속도에 의한 에너지를 운동에너지라고 부르는 것처럼, **열과 함께 이동하는 에너지의 양을 열량이라 한다.** 그림 1과 같이 물체는 열량을 흡수하면 온도가 올라가고, 물체에서 열량이 방출되면 온도가 내려간다. 열량의 변화가 물체에 에너지의 증감을 주더라도 자연 상태에서 물체는 운동을 유발하지 않는다. 열량이 주어지면 물체를 구성하는 분자의 운동에너지가 증가하여, 그 결과 물체의 온도가 상승한다. 열량이 방출되면 분자의 운동에너지가 감소하여 물체의 온도가 내려가게 되는 것이다. 이렇게 물체의 분자 운동에너지의 증감에 의한 온도변화로 에너지보존의 법칙이 성립된다. 분자의 운동을 **열운동**이라 부르고, 열운동에 의한 운동에너지는 역학적 에너지와 구분하며 **내부에너지**라고 한다.

데우기 쉬운 물체나 냉각시키기 쉬운 물체 등 물체의 열에 대한 반응은 다양하다. **물체의 온도를 1 K 높이는 데 필요한 열량을 열용량이라 하고, 열용량은 물체의 크기와 물질에 따라 다르므로 각각의 물질에 따른 단위 질량당 열용량을 계산하는 것을 비열이라 한다.**

그림 2와 같이 물체는 열용량 값이 클수록 온도변화에 대한 저항이 커진다. 즉, 열이 주입되어도 온도가 잘 변하지 않는 것이다. 열용량 C는 질량을 m[kg], 비열을 c[J/(kg·K)]라고 하면 $C = mc$[J/K]로 나타낼 수 있다.

물체의 온도를 ΔT만 변화시키는 데 필요한 열량 Q는 $Q = C\Delta T = mc\Delta T$[J]가 되고, 이것이 열의 이동에 의해 운반되는 열에너지의 크기를 나타낸다.

그림 1 열운동과 온도변화

열량 Q | 온도 상승

온도 저하 | 열량 Q

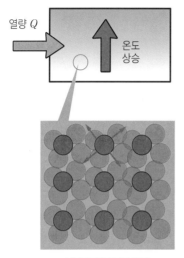

분자의 열운동이 증대

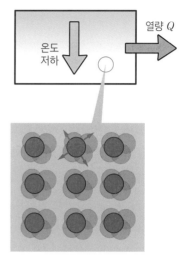

분자의 열운동이 감소

그림 2 열용량과 열량

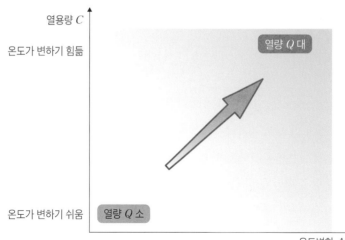

열용량 C

온도가 변하기 힘듦

열량 Q 대

온도가 변하기 쉬움 | 열량 Q 소

온도변화 ΔT

열용량 $C = mc$

열량 $Q = C\Delta T = mc\Delta T$

열에너지는 보존된다
– 열량보존의 법칙

뉴턴역학에서 역학적 에너지가 보존되는 것처럼 **열의 이동에도 에너지는 보존된다.** 그림의 ①과 같이 외부와의 열 교환을 차단한 상태를 **고립계**라고 한다. 고립계 안에서 고온 물체와 저온 물체를 접촉시키면 고온 물체에서 저온 물체로 열이 이동하여 열평형 후에 두 물체의 온도가 같아진다. 외부와의 열 교환이 없으므로, 고온 물체의 감소한 열량과 저온 물체의 증가한 열량은 같다.

열량이 이동해도 고립계 전체에서는 열량의 총량이 보존된다. 이것을 **열량보존의 법칙**이라 한다.

②를 용기나 공기와의 열 교환이 없는 고립계라고 가정하고 질량 1 kg에 온도 20°C의 물에, 질량 0.5 kg에 온도 150°C의 쇠를 넣어서 열평형 후의 온도를 구하라. 단, 물의 비열은 4.2 kJ/(kg·K), 철의 비열은 0.42 kJ/(kg·K)이다.

열평형 후의 온도를 t라고 하면, t는 철의 온도 150°C와 물의 온도 20°C의 사이가 될 것이다. 열량은 철에서 물로 이동하므로 철의 온도차는 $150 - t$, 물의 온도차는 $t - 20$이다. 식 (1)의 철이 잃어버린 열량 Q_1과 식 (2)의 물이 얻은 열량 Q_2가 같으므로, t를 구하면 약 26.2°C가 된다.

이 계산에서는 다음 사항을 주의해야 한다.

(1) 온도가 섭씨온도인 채로 유지되지만 절대온도인 ΔT와 섭씨온도의 Δt는 온도차가 같으므로 +273을 생략할 수 있다.

(2) Q_1와 Q_2의 값을 직접 구하지는 않지만 비열 c의 단위에 각각 kJ/(kg·K)를 사용하고 있어 열량을 산출했을 때의 단위는 kJ이 된다.

열량보존의 법칙

① 열량보존의 법칙

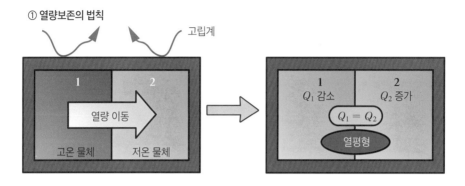

고립계

열량 이동

고온 물체   저온 물체

1   2
Q_1 감소 Q_2 증가

$Q_1 = Q_2$

열평형

② 열량보존의 법칙 계산 예

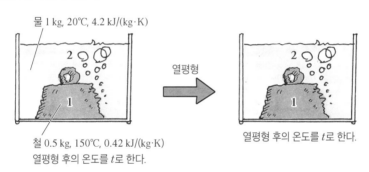

물 1 kg, 20℃, 4.2 kJ/(kg·K)

열평형

철 0.5 kg, 150℃, 0.42 kJ/(kg·K)
열평형 후의 온도를 t로 한다.

열평형 후의 온도를 t로 한다.

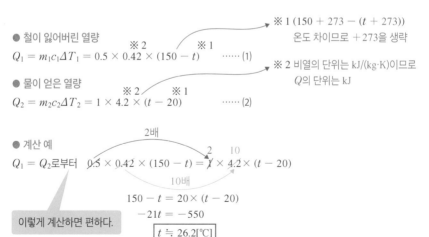

● 철이 잃어버린 열량

※2   ※1
$Q_1 = m_1 c_1 \Delta T_1 = 0.5 \times 0.42 \times (150 - t)$ ······ (1)

※1 $(150 + 273 - (t + 273))$
온도 차이므로 $+273$을 생략

● 물이 얻은 열량

※2   ※1
$Q_2 = m_2 c_2 \Delta T_2 = 1 \times 4.2 \times (t - 20)$ ······ (2)

※2 비열의 단위는 kJ/(kg·K)이므로
Q의 단위는 kJ

● 계산 예

2배

$Q_1 = Q_2$로부터 $0.5 \times 0.42 \times (150 - t) = 1 \times 4.2 \times (t - 20)$

2   10

10배

이렇게 계산하면 편하다.

$150 - t = 20 \times (t - 20)$

$-21t = -550$

$t \fallingdotseq 26.2[℃]$

에너지 변환과 자전거의 브레이크
- 열의 일

최근 전동 자전거나 자동차, 전차 등에서는 그림 1의 ① 회생제동 브레이크로 운동에너지의 일부를 전기에너지로 변환하여 제동하고, 다시 모터에서 역학적 에너지로 변환되는 형태가 늘어나고 있다. ②는 구조가 간단한 마찰식 브레이크의 개요로, 역학적 운동에 마찰을 일으켜서 제동하고 이때 발생하는 열에너지를 대기로 방출한다. 자전거는 뒷바퀴 브레이크 케이스에 '고온주의'라는 스티커가 붙어 있는데, 브레이크가 발생한 열에너지로 뜨거워지기 때문이다. 이것을 단순화해서 생각해 보자.

그림 2와 같이 질량 25 kg의 자전거에 체중 55 kg인 사람이 타고, 수평으로 속도 4 m/s로 달리고 있다. 그렇게 빠르지도 않고 너무 느리지도 않은 적당한 강도로 브레이크를 조작하여 정지했다. 이때 뒷바퀴에 장착된 브레이크는 얼마나 온도가 상승하는 것일까?

사람과 자전거의 합계 질량 M, 브레이크의 질량 m, 브레이크의 비열 c, 온도변화 ΔT, 속도 v라고 하자. 그리고 식 (1) $T = \frac{1}{2}M\Delta v^2$이 자전거의 운동에너지 T이고, 식 (2) $Q = mc\Delta T$가 브레이크가 변환한 열량 Q이다. $T = Q$이므로 식 (3) $\frac{1}{2}M\Delta v^2 = mc\Delta T$를 변형하여 ΔT를 구한다. 여기에서도 계산에 주의가 필요하다. 브레이크의 비열이 0.4 kJ/kg·K이므로 kJ를 J로 바꾸어 계산하고 1000을 곱하여 환산하는 것을 잊어버린다면, 엉뚱한 대답이 되므로 0.4 kJ를 400 J로 대입한다.

이런 점에 주의한다면 답은 2.7 K, 즉 2.7도 온도가 상승하게 된다. 이것이 고온인가? 라고 생각할 수 있지만 한 번의 브레이크 조작으로 이 만큼 상승하므로, 여러 번 누적되면 상당히 뜨거워질 수 있다.

그림 1   에너지 변환의 형태

① 순환하는 전기에너지와 역학적 에너지

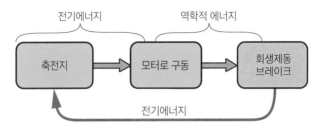

② 대기로 방출하는 열에너지

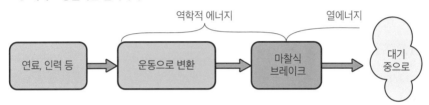

그림 2   자전거의 브레이크에 대해 생각해 보자

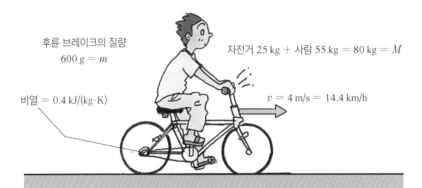

후륜 브레이크의 질량
$600 \text{ g} = m$

비열 $= 0.4 \text{ kJ}/(\text{kg}\cdot\text{K})$

자전거 25 kg + 사람 55 kg = 80 kg = M

$v = 4 \text{ m/s} = 14.4 \text{ km/h}$

자전거의 운동에너지 T

$$T = \frac{1}{2}M\Delta v^2 \quad \cdots\cdots (1)$$

브레이크가 변환한 열량 Q

$$Q = mc\Delta T \quad \cdots\cdots (2)$$

자전거가 정지하는 조건 $T = Q$

$$\frac{1}{2}M\Delta v^2 = mc\Delta T \quad \cdots\cdots (3)$$

$$\therefore \Delta T = \frac{1}{2} = \frac{M\Delta v^2}{mc} \quad \boxed{0.4 \text{ kJ}}/(\text{kg}\cdot\text{K})\text{의 환산}$$

$$= \frac{80 \times 4^2}{2 \times 0.6 \times 0.4 \times 10^3}$$

$$\fallingdotseq \boxed{2.7 \text{ [K]}}$$

파워가 있으면 일을 효율적으로 한다
– 일의 효율

일은 힘 × 거리이므로 시간과는 상관없이 결정되는 양이다. 일상생활에서 '저 사람은 파워가 있다', '이 차는 파워가 있다'라고 말하는 것은, 일하는 속도가 빠르다든가 가속이 잘 된다는 의미로 사용된다.

그림 1의 ①과 같이 일의 양 W를 일하는 데 걸린 시간 t로 나눈 것을 **일률** P라고 한다. $P = \dfrac{W}{t}$가 일률의 정의이고, 단위로는 고유한 명칭을 가진 조립단위[W](와트)를 사용한다.

②와 같이 일은 $W = Fs$이며, 이것을 시간으로 나누면 $\dfrac{s}{t}$는 속도 v가 되므로 $P = Fv$, 즉 일률은 힘 F와 속도 v의 곱으로 표현할 수 있다. 힘이 크고 속도가 빠를수록 파워가 있다는 뜻이 된다.

그림 2에서 자전거의 질량이 25 kg, 사람의 몸무게가 60 kg이면 총 질량은 85 kg 이다. 이 자전거가 정지상태에서 출발한 지 10초 후에 속도가 4 m/s = 14.4 km/h가 되었다면, 자전거 페달을 밟은 사람의 일률은 얼마인지 생각해 보자.

운동을 등가속도 운동이라고 하고, 가속도를 a로 하여 $P = Fv$에 $F = ma$를 대입하여 식 (1) $P = mav$로 변형이 가능하다. 가속도는 $a = \dfrac{v}{t}$이므로 식 (1)에 이것을 대입하면, 식 (2) $P = m\dfrac{v^2}{t}$가 된다. 조건을 대입하면, 이 P는 136 W가 된다.

136 W라고 해도 감이 잘 오지 않는다면, 예를 들면 물체를 136 N의 힘으로 1초에 1 m 이동시키면 136 N·m/s이다. 전동 자전거에 탑재되어 있는 모터의 정격 출력(일률)은 250 W 정도이므로 비교할 만하다. 일반적으로 기계를 설계할 때 인간이 낼 수 있는 힘을 기준으로 100 N에서 200 N 일률은 100~400 W 정도를 대략적인 기준으로 잡는다. 오른쪽 예에서 10초간의 주행거리를 구하면 20 m이므로, 일상적으로 경험할 수 있는 정도라고 볼 수 있다.

그림1 일률

① 일률은 단위 시간당 일의 양

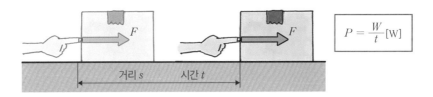

거리 s 시간 t

$$P = \frac{W}{t}\,[\mathrm{W}]$$

② 일률은 힘과 속도의 곱

$$W = Fs \quad P = \frac{W}{t} = F\frac{s}{t} \quad \frac{s}{t} = v$$

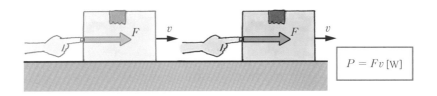

$$P = Fv\,[\mathrm{W}]$$

그림 2   자전거 페달을 밟아보자

자전거 25 kg + 사람 60 kg = 85 kg

10 s 후 4 m/s = 14.4 km/h
등가속도 운동이라고 하자.

$$P = Fv = mav \quad \cdots\cdots (1)$$
$$a = \frac{v}{t}$$
$$P = m\frac{v^2}{t} \quad\quad \cdots\cdots (2)$$
$$= \frac{85 \times 4^2}{10} = \boxed{136\,[\mathrm{W}]}$$

주행거리를 구하면

$s = \frac{1}{2}at^2$과 $a = \frac{v}{t}$로부터

$$s = \frac{1}{2}vt \quad\quad \cdots\cdots (3)$$
$$= \frac{1}{2} \times 4 \times 10 = \boxed{20\,[\mathrm{m}]}$$

차동도르래의 일
– 일의 효율 계산 예

차동(差動)도르래는 하나의 축에 지름이 다른 2개의 고정도르래와 하나의 움직도르래가 맞물려져 있는 구조이다. 돌림힘(토크)을 사용하여 이 구조를 생각해 보자(단, 장치나 로프의 중량은 고려하지 않는다).

물체의 중량이 움직도르래에서 $\frac{mg}{2}$로 등분되어, 고정도르래의 바퀴 A측과 바퀴 B측에 걸리게 된다. 이후로는 움직도르래에 대해서는 고려하지 않겠다. 하나의 고정도르래의 바퀴를 왼쪽(반시계 방향)으로 돌리려는 힘은 바퀴 A에 걸리는 $\frac{mg}{2}$ 뿐이므로, 토크는 식 (1) $M_L = \frac{mg}{2}R$로 주어진다. 다음으로 다른 하나의 고정도르래 바퀴를 오른쪽(시계 방향)으로 돌리려는 힘은 바퀴 B에 걸리는 $\frac{mg}{2}$와 바퀴 A에 걸리는 F로, 힘이 2개이므로 식 (2) $M_R = \frac{mg}{2}r + F \cdot R$로 주어진다.

바퀴를 왼쪽과 오른쪽으로 돌리려는 토크가 서로 평형을 이루고 있으므로, 식 (3) $\frac{mg}{2}R = \frac{mg}{2}r + F \cdot R$로부터 식 (4) $F = \frac{mg(R-r)}{2R}$로 변형하면, 힘 F를 구할 수 있다. 그러면 1000 N, 대략 100 kg의 물체를 사람이 1 m 들어올리는 일에 대해 생각해 보자. 단, 도르래 바퀴의 반경을 $r = 0.8R$로 한다.

① 식 (4)에 조건을 대입하면 F는 100 N 정도 되며 무려 $\frac{1}{10}$이므로, 사람이 충분히 당길 수 있는 힘이다.

② 필요한 일은 물체에 가해지는 1000 N × 1 m = 1000 J이다.

③ 물체를 1 m 들어올리기 위해서 사람은 로프를 10 m나 끌어당겨야 하므로 능률은 떨어진다.

④ 이 일이 20초 만에 끝났다면, 일률은 50 W이므로 무리 없이 일이 가능한 값이다. 단, 장치나 로프의 중량과 마찰 등 일에 대한 저항은 포함되어 있지 않는데, 이런 장치를 원치라고 한다.

차동도르래의 일의 예

외관개략

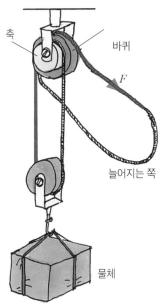

축
바퀴
F
늘어지는 쪽
물체

구조

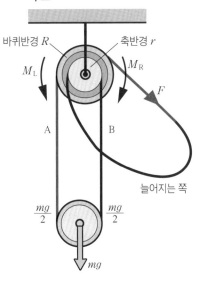

바퀴반경 R 축반경 r
M_L M_R
F
A B
늘어지는 쪽
$\dfrac{mg}{2}$ $\dfrac{mg}{2}$
mg

구조를 생각하다.

왼쪽으로 돌리려는 토크: M_L

$$M_L = \frac{mg}{2}R \qquad \cdots\cdots (1)$$

오른쪽으로 돌리려는 토크: M_R

$$M_R = \frac{mg}{2}r + F\cdot R \qquad \cdots\cdots (2)$$

$M_L = M_R$로부터 $\dfrac{mg}{2}R = \dfrac{mg}{2}r + F\cdot R$ $\cdots\cdots(3)$ $\quad \therefore F = \boxed{\dfrac{mg(R-r)}{2R}}$ $\quad\cdots\cdots(4)$

① 힘 F를 구한다.

$$\begin{cases} mg = 1000\ \text{N} \\ r = 0.8R \end{cases}$$

$$F = \frac{mg(R-r)}{2R}$$

$$= \frac{1000 \times (R - 0.8\,R)}{2R}$$

$$= \boxed{100\ [\text{N}]}$$

② 물체 1 m를 들어올릴 때 필요한 일

$$W = Fs = 1000 \times 1 = \boxed{1000\ [\text{J}]}$$

③ 사람이 로프를 당기는 길이

$W = Fs$로부터

$$s = \frac{W}{F} = \frac{1000}{100} = \boxed{10\ [\text{m}]}$$

④ 일이 20초에 끝났을 때의 일률

$$P = \frac{W}{t} = \frac{1000}{20} = \boxed{50\ [\text{W}]}$$

일과 에너지

지하철 선로의 에너지 절약 대책

지상을 달리는 전철에서는 별로 볼 수 없는 광경이지만 지하철 차고지 근처의 역에서 전철을 기다리고 있으면 차량이 비탈을 올라가면서 승강장으로 진입해 오는 역이 있다. 차가 출발하면 이번에는 비탈을 내려가면서 속도를 올리며 운행한다. 이 경우는 볼록한 선로 정상에 승강장을 설치함으로써, 에너지를 절약할 목적으로 활용하고 있다.

차량이 홈으로 진입할 때 모터의 동력을 끊고 차량이 갖고 있던 관성을 이용하여 비탈길을 올라가면 운동에너지가 감소한 만큼을 위치에너지로 바꾸어 브레이크를 사용해서 감속하는 일을 줄이고 위치에너지를 축적하여 출발할 때 운동에너지로 변환할 수 있기 때문이다.

홈에서 출발할 때는 모터의 동력으로 살짝 차량을 움직여서 언덕을 내려가면 위치에너지의 감소분이 운동에너지로 변환되어 가속을 위한 모터의 일을 줄일 수 있다. 차량에 가해진 역학적 에너지를 롤러코스터처럼 교환하면서 운행하고 있는 것이다.

이렇게 하면 차량을 주행시키기 위한 에너지와 브레이크를 사용하는 에너지를 최소화할 수 있으며 에너지 절약과도 직결된다. 땅속을 달리는 지하철은 터널 안에서 외부환경에 대한 운동 저항을 최소화하여 에너지를 가능한 한 적게 사용하는 것이 중요하다.

5장

운동량과
충격량

미식축구나 씨름을 보고 있으면, 몸의 움직임에서 순간적인 파워를 느낄 수 있다. 망치로 못을 박을 때에도 망치가 못에 맞을 때의 세기가 중요하다는 것을 느낌으로 깨닫게 된다. 이때 우리가 감각적으로 느끼는 '세기'란 무엇일까? 이 장에서는 알고 있다고 생각했던 느낌의 세기를 물리량으로 표현하면 어떤 것인지 생각해 보자.

운동량은 운동의 세기를 나타낸다
– 운동량 보존의 법칙

질량 m의 물체가 속도 v로 운동할 때, 그 곱 mv를 물체의 **운동량**이라 한다(그림 1). 운동량은 운동의 세기를 나타내는 양으로, 속도의 방향에 일치하는 벡터량이다. 단위는 조립단위인 [kg·m/s]이다. 물체에 힘 F를 시간 t동안 작용시키면 물체의 운동이 변화한다. 물체에 작용한 **힘과 시간의 곱 Ft를 충격량**이라 한다. 충격량은 힘과 같은 방향을 가진 벡터량으로 단위는 [N·s]이다.

운동량과 충격량의 관계에 대해 생각해 보자. 질량 m, 속도 v로 운동하는 물체의 속도 방향에 힘 F를 시간 t동안 가하면 속도가 v에서 v'로 변한다. 이 속도변화에 대한 가속도 a는 그림 1의 식 (1)에 나타낸 $\dfrac{v'-v}{t}$이다. 운동의 제2법칙인 식 (2) $ma = F$에 식 (1)을 대입하면, 식 (3) $mv' - mv = Ft$를 얻을 수 있다. 이 식으로부터 **물체의 운동량 변화는 가해진 충격량과 동일하다**는 것을 알 수 있다. 운동량의 단위 kg·m/s는 (kg·m/s^2)s = N·s로 변형하면 충격량의 단위가 되므로 식 (3)이 성립한다.

구체적인 예를 들어보자. 그림 2와 같이 질량 m_1, 속도 v_1인 물체 1과 질량 m_2, 속도 v_2인 물체 2가 일직선상에서 충돌하여 시간 t동안 작용·반작용의 힘 F를 서로 주고받으며 각각 v_1', v_2'의 속도가 되었다고 하자. 그림 1의 식 (3)으로부터 물체 1은 식 (1) $m_1 v_1' - m_1 v_1 = -Ft$로 나타낼 수 있고, 물체 2도 식 (2) $m_2 v_2' - m_2 v_2 = Ft$로 나타낼 수 있다. 2개의 식을 정리하면 충돌 전후의 두 물체의 운동량의 총합이 같다는 식 (3) $m_1 v_1 + m_2 v_2 = m_1 v_1' + m_2 v_2'$를 세울 수 있다.

즉, 여러 물체가 서로 힘을 주고받으면서 각각의 운동 상태가 변화해도 외력이 작용하지 않는 한 운동량의 총합은 일정하다. 이것을 운동량 보존의 법칙이라고 한다.

그림 1 운동량과 충격량

운동량: mv [kg·m/s]

충격량: Ft [N·s]

$$가속도\ a = \frac{v' - v}{t} \quad \cdots\cdots (1)$$

$$ma = F \quad \cdots\cdots (2)$$

$$m\frac{v' - v}{t} = F$$

$$\therefore\ mv' - mv = Ft \quad \cdots\cdots (3)$$

운동량은 운동의 세기를 나타낸다.
힘을 가하면 운동의 세기가 변화한다.

운동량의 변화 = 충격량

그림 2 운동량 보존의 법칙

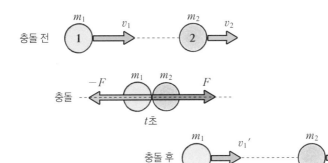

충돌 전

충돌

t초

충돌 후

물체 1 $m_1 v_1' - m_1 v_1 = -Ft$ $\cdots\cdots (1)$ 물체 1의 운동량의 변화

물체 2 $m_2 v_2' - m_2 v_2 = Ft$ $\cdots\cdots (2)$ 물체 2의 운동량의 변화

$$m_2 v_2' - m_2 v_2 = -(m_1 v_1' - m_1 v_1)$$

$$\therefore\ m_1 v_1 + m_2 v_2 = m_1 v_1' + m_2 v_2' \quad \cdots\cdots (3)$$

충돌 전후에 운동량의 총합은 변하지 않는다.

운동량과 에너지
– 속도와 속도 제곱의 차이

운동량은 물체의 질량과 속도의 곱으로 나타내었다. 마찬가지로 물체의 질량과 속도를 사용하여 물체가 가진 양을 나타내는 것에는 제4장에서 설명한 **운동에너지**가 있다.

이 두 가지 양의 구분방법은 힘과 시간의 작용(즉, 충격량)에 따른 속도의 변화를 생각하는 것은 운동량이고, 힘과 거리에 따른 일과 에너지의 변화를 생각하는 것은 운동에너지라고 기억해 두자.

예를 들어 그림 1과 같이 정지한 질량 m의 물체에 힘 F를 시간 t동안 준 결과, 등가속도 a로 거리 s만큼 이동하여 속도 v가 되었다고 하자. ①에서는 운동방정식 $ma = F$에 가속도 $a = \dfrac{v}{t}$를 대입하여 변형하면, **운동량과 충격량**의 관계 식 $mv - Ft = 0$을 만들 수 있다.

한편, ②에서는 초기 속도가 0인 경우의 등가속도 운동에 주목해 보면 $v^2 = 2as$이다. 여기에 운동방정식으로부터 $a = \dfrac{F}{m}$을 대입하여 변형하면, **운동에너지와 일의 관계식** $\dfrac{1}{2}mv^2 - Fs = 0$을 만들 수 있다. 이와 같이 같은 운동에서 무엇을 구하려는 가에 따라 도출하는 식이 달라진다. 그러면 두 개의 식은 별개의 식인가? 그렇지 않다. 그림 2에서 운동량과 운동에너지를 서로 변형해 보자.

①의 운동량과 충격량의 식에, 그래프에서 도출한 $t = \dfrac{2s}{v}$를 대입하여 변형하면 운동에너지와 일의 관계식이 된다.

②의 운동에너지와 일의 관계식에서, 그래프에서 도출한 $s = \dfrac{1}{2}vt$를 대입하여 변형하면 운동량과 충격량의 관계식이 된다.

하나의 운동에서 구하려는 양의 차이에 따라 필요로 하는 식의 형태가 다른 것을 알 수 있다.

그림1 운동량과 운동에너지

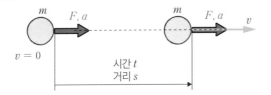

① $ma = F$

$m\dfrac{v}{t} = F$

$mv = Ft$

$\therefore \boxed{mv - Ft = 0}$

운동량과 충격량의 식

② $v^2 = 2as$

$a = \dfrac{F}{m}$

$v^2 = \dfrac{2Fs}{m}$

$\dfrac{1}{2}mv^2 = Fs$

$\therefore \boxed{\dfrac{1}{2}mv^2 - Fs = 0}$

운동에너지와 일의 식

그림2 충격량과 일

① 운동량과 충격량의 식으로부터
운동에너지와 일의 식으로

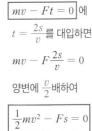

$\boxed{mv - Ft = 0}$ 에

$t = \dfrac{2s}{v}$ 를 대입하면

$mv - F\dfrac{2s}{v} = 0$

양변에 $\dfrac{v}{2}$ 배하여

$\boxed{\dfrac{1}{2}mv^2 - Fs = 0}$

등가속도 운동의
시간-속도그래프

그래프로부터

$s = \dfrac{1}{2}vt$

$t = \dfrac{2s}{v}$

가 된다.

② 운동에너지와 일의 식으로부터
운동량과 충격량의 식으로

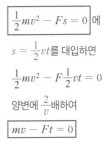

$\boxed{\dfrac{1}{2}mv^2 - Fs = 0}$ 에

$s = \dfrac{1}{2}vt$ 를 대입하면

$\dfrac{1}{2}mv^2 - F\dfrac{1}{2}vt = 0$

양변에 $\dfrac{2}{v}$ 배하여

$\boxed{mv - Ft = 0}$

※ 같은 현상도 구하는 방법에 따라 운동량이나 운동에너지로 변한다.

에너지의 일과 충격량의 충격
— 계산 예

에너지는 가능한 일의 양을 나타내는 것인데, 이것과 충격량과의 관계를 생각해 보자. 그림과 같이 나무에 박혀있는 못에 질량 1 kg의 쇠공을 1 m 높이에서 낙하시켜 충돌시켰더니 못이 1 cm 박혔다고 가정해 보자. 단, 중력의 가속도는 $g = 10\ \text{m/s}^2$이라고 하자.

쇠공이 못 머리에 충돌했을 때의 속도는 식 (1) $v = \sqrt{2gh}$로부터 4.5 m/s이다. 운동에너지는 약 10 J이고, 식 (2)와 같이 역학적 에너지보존의 법칙에 따라 낙하 전의 위치에너지와 같다. 이 값의 전부를 못이 받은 일이라고 한다면, 식 (3)과 같이 못에는 1000 N의 힘이 작용한 것이다. 이것은 쇠공 무게의 100배나 된다.

이렇게 큰 힘이 되는 이유는 무엇일까? 여기에서 운동의 세기를 나타내는 운동량에 대해 생각해 보자. 그리고 운동량과 항상 쌍으로 나타나는 충격량에 대해 생각해 보자.

쇠공이 못에 충돌하고 나서 정지하기까지 운동량의 변화는, 식 (4) mv로부터 4.5 kg·m/s이므로 충격량은 4.5 kg·m/s = 4.5 N·s이다. 그러면 변화 시간은 식 (5) $t = \dfrac{mv}{F}$로부터 0.0045초로 매우 짧은 시간이다. 바로 이것을 순간적 충돌이라고 말할 수 있다.

쇠공이 못을 박고 정지할 때까지의 속도는 식 (6) $v = \dfrac{h}{t}$로부터 2.2 m/s이다. 이로부터 쇠공과 못이 0.0045초 사이에 속도 2.2 m/s로 함께 움직이고 있었다고 가정할 수 있다. 참고로 쇠공이 못 위에 0.45초간 작용하여 동일한 충격량 4.5 N·s를 가한다면, 이렇게 해서 못이 박힌다고 생각하지 않는다. 왜냐하면 충돌의 임팩트가 없기 때문이다. 충돌 시의 충격량은 시간이 매우 짧으며 운동량을 가진 충돌의 임팩트를 나타낸다고 말할 수 있다.

일과 충격

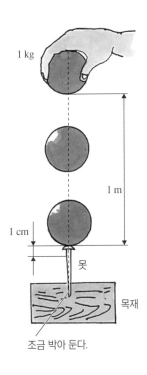

1 kg

1 m

1 cm

못

목재

조금 박아 둔다.

쇠공의 운동에너지가 못에 작용한 일로부터 못에 가해진 힘을 구한다.

에너지와 일

$$v = \sqrt{2gh} \qquad \cdots\cdots (1)$$
$$= \sqrt{2 \times 10 \times 1} \fallingdotseq 4.5\,[\text{m/s}]$$
$$\frac{1}{2}mv^2 = \frac{1}{2} \times 1 \times 4.5^2$$
$$\fallingdotseq 10\,[\text{J}]$$
$$\left.\begin{array}{l} \\ mgh = 1 \times 10 \times 1 = 10\,[\text{J}] \end{array}\right\} \quad \cdots\cdots (2)$$
$$W = Fs$$
$$F = \frac{W}{s} = \frac{10}{0.01} = \boxed{1000\,[\text{N}]} \quad \cdots\cdots (3)$$

쇠공 무게의 100배

운동량과 충격량

$$mv = 1 \times 4.5 = 4.5\,[\text{kg·m/s}] \qquad \cdots\cdots (4)$$
$$Ft = mv = 4.5\,[\text{N·s}]$$
$$t = \frac{mv}{F} = \frac{4.5}{1000} = \boxed{0.0045\,[\text{s}]} \quad \cdots\cdots (5)$$

매우 짧은 시간의
충격량 변화가 충돌이다.

$$v = \frac{h}{t} = \frac{0.01}{0.0045} \fallingdotseq 2.2\,[\text{m/s}] \qquad \cdots\cdots (6)$$

쇠공의 운동량과 못이 받은 힘으로부터 변화 시간을 구한다.

물체의 충돌과 반발
– 반발계수

구슬치기나 당구, 공으로 벽을 치거나 방망이에 의한 타격 등 물체끼리의 충돌에는 여러 가지 **튕겨 나오는(반발) 정도**가 있다.

두 물체가 일직선상에서 충돌할 때, 그 충돌 후 튕겨 나오는 정도는 물체의 **탄성도**에 따라 달라진다. 충돌 후의 상대속도 $v_1' - v_2'$를, 충돌 전의 상대속도 $v_1 - v_2$로 나눈 값을 **반발계수 e**라고 부르고, **튕겨 나오는 계수**라고도 부른다(그림의 ①).

그림의 상대속도 $v_1 - v_2$와 $v_1' - v_2'$는 물체 2의 속도를 기준으로, 물체 1과의 속도 차이를 나타내고 있다. 이것이 양(+)일 때는 물체 1이 물체 2로 접근하고, 음(−)이라면 물체 2가 물체 1에서부터 멀어짐을 나타낸다.

반발계수는 $0 \leq e \leq 1$의 값을 가지며, $e = 1$을 **완전탄성충돌**, $e = 0$을 **완전비탄성충돌**이라고 한다. 완전비탄성충돌은 충돌 후에 2개의 물체가 하나가 되어 운동하므로 **융합**이라 한다.

②에서 속도 5 m/s로 벽에 수직으로 충돌한 물체가 튕겨 나온 후에 속도 −4 m/s가 되었을 때, 벽의 속도는 제로이므로 반발계수는 0.8이다.

③에서 충돌 전의 상대속도 5 m/s의 물체 1과 2가, 충돌 후 상대속도 −3 m/s가 되었을 때 반발계수는 0.6이다.

④에서 충돌 전의 상대속도 5 m/s의 물체 1과 2가, 충돌 후 상대속도 −5 m/s가 되었을 때 반발계수는 1로 완전탄성충돌이다. 이때 두 물체의 질량이 같다면 물체 1과 2의 속도가 서로 바뀌는 **속도교환**이 된다.

⑤에서 충돌 전의 상대속도 5 m/s의 물체 1과 2가, 충돌 후 상대속도 0이 되었을 때 반발계수 0의 완전비탄성충돌이 된다.

반발계수와 여러 가지 반발

① 반발계수 e

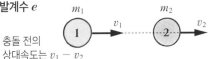

충돌 전의
상대속도는 $v_1 - v_2$

물체 2를 기준으로 한
물체 1의 상대속도

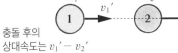

충돌 후의
상대속도는 $v_1' - v_2'$

반발계수 $e = -\dfrac{v_1' - v_2'}{v_1 - v_2}$

② 벽치기

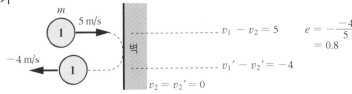

$v_1 - v_2 = 5$ $e = -\dfrac{-4}{5}$
$= 0.8$

$v_1' - v_2' = -4$

$v_2 = v_2' = 0$

③ $e < 1$

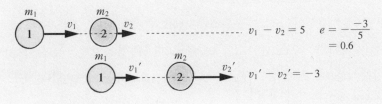

$v_1 - v_2 = 5$ $e = -\dfrac{-3}{5}$
$= 0.6$

$v_1' - v_2' = -3$

④ $e = 1$ 완전탄성충돌

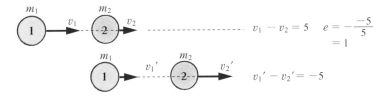

$v_1 - v_2 = 5$ $e = -\dfrac{-5}{5}$
$= 1$

$v_1' - v_2' = -5$

⑤ $e = 0$ 완전비탄성충돌(융합)

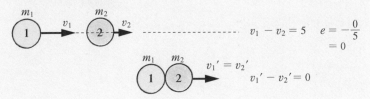

$v_1 - v_2 = 5$ $e = -\dfrac{0}{5}$
$= 0$

$v_1' = v_2'$
$v_1' - v_2' = 0$

169

낙하물이 튀어 올라오는 높이
− 자유낙하의 반발계수

반발계수는 충돌 후의 상대속도를 충돌 전의 상대속도로 나눈 값이므로, 물체의 충돌 전후 속도를 구할 수 있다. 그러면 높이 h에서 자유낙하시킨 물체가 바닥에 충돌하여, 수직으로 높이 h'까지 튀어 올라왔을 때의 반발계수를 생각해 보자(그림 1).

제2장의 낙하운동에서 물체의 속도와 높이와의 관계를 $v^2 = 2gh$로 했다. 이제부터 아래 방향의 속도를 양(+)으로 하여, 충돌 직전의 물체의 속도 $v_1 = \sqrt{2gh}$를 식 (1), 충돌 직후의 물체 속도 $v_1' = -\sqrt{2gh'}$를 식 (2)로 둘 수 있다. 반발계수는 식 (3)이므로 v_1, v_1', 바닥의 속도 $v_2 = v_2' = 0$을 대입하여 식을 정리하면 $e = \sqrt{\dfrac{h'}{h}}$가 되고, **반발계수는 높이의 비율만으로 결정된다.**

이 결과를 사용하여 그림 2의 운동을 생각해 보자. 높이 50 cm에서 바닥으로 자유낙하시킨 물체가 높이 2 cm까지 튀어 올랐다. 그 다음에 같은 물체를 높이 50 cm에서 수직 아래 방향으로 초기 속도 4 m/s로 던졌다 튀어 오르는 높이는 얼마나 될까? 중력의 가속도는 $g = 10$ m/s²으로 한다.

충돌속도가 변화해도 반발계수는 변하지 않는다고 하고, 식 (1) $e = \sqrt{\dfrac{h'}{h}}$에서 자유낙하의 반발계수 0.2를 구했다. 다음으로 아래로 던진 속도 4 m/s를 식 (2) $h_0 = \dfrac{v_0^2}{2g}$으로 높이로 환산한다. 그러면 0.8 m 만큼의 높이에 해당한다. 즉, 4 m/s로 투하한 것은 바닥에 대하여 식 (3)과 같이 0.8 m + 0.5 m = 1.3 m의 높이에서 자유낙하시킨 것과 같은 효과를 가진다고 생각하면 된다.

이렇게 식 (1)에서 튀어 올라온 후의 높이 h'를 식 (4) $h' = e^2 h$로 구하고 나서 높이 h를 대입하면 튀어 올라온 높이 h'는 5.2 cm가 된다.

그림 1　자유낙하의 튀어 오르는 높이

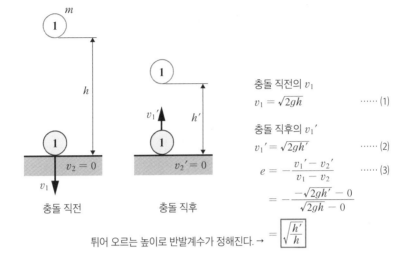

충돌 직전의 v_1
$$v_1 = \sqrt{2gh} \qquad \cdots\cdots (1)$$

충돌 직후의 v_1'
$$v_1' = \sqrt{2gh'} \qquad \cdots\cdots (2)$$

$$e = -\frac{v_1' - v_2'}{v_1 - v_2} \qquad \cdots\cdots (3)$$

$$= -\frac{-\sqrt{2gh'} - 0}{\sqrt{2gh} - 0}$$

튀어 오르는 높이로 반발계수가 정해진다. → $\boxed{= \sqrt{\dfrac{h'}{h}}}$

그림 2　아래로 던진 물체가 튀어 오르는 높이

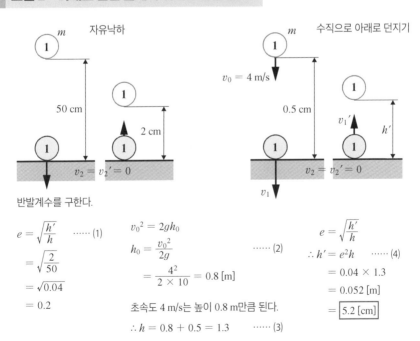

반발계수를 구한다.

$$e = \sqrt{\frac{h'}{h}} \qquad \cdots\cdots (1)$$

$$= \sqrt{\frac{2}{50}}$$

$$= \sqrt{0.04}$$

$$= 0.2$$

$$v_0^2 = 2gh_0$$

$$h_0 = \frac{v_0^2}{2g} \qquad\qquad \cdots\cdots (2)$$

$$= \frac{4^2}{2 \times 10} = 0.8 \text{ [m]}$$

초속도 4 m/s는 높이 0.8 m만큼 된다.

$$\therefore h = 0.8 + 0.5 = 1.3 \qquad \cdots\cdots (3)$$

$$e = \sqrt{\frac{h'}{h}}$$

$$\therefore h' = e^2 h \qquad \cdots\cdots (4)$$

$$= 0.04 \times 1.3$$

$$= 0.052 \text{ [m]}$$

$$= \boxed{5.2 \text{ [cm]}}$$

충돌은 무게중심에 가까워졌다가 멀어지는 운동 – 충돌 후 속도

두 물체가 일직선상에서 충돌하면, 충돌 후의 속도는 어떻게 될까? 이런 충돌은 물체 전체 질량의 **무게중심**의 속도를 생각하여, 무게중심에 대해 물체의 속도가 어떻게 변화하는가를 생각해 보면 이해하기 쉽다. 그림과 같이 무게중심의 속도를 v라고 하면 충돌 전에는 서로 가까워지므로 $v_1 > v > v_2$의 관계가 성립한다. 또한 충돌 후에는 서로 멀어지므로 $v_1' < v < v_2'$가 된다. 그림에서 충돌이란 두 물체가 무게중심에 가까워졌다가 멀어지는 운동이라 할 수 있다.

충돌 후의 속도 v_1'와 v_2' 두 개의 미지수를 구하고자 하므로, 운동량 보존의 식 (1)과 반발계수의 식 (2)를 사용한다. 차근차근 식을 변형하면 v_1'를 식 (3), v_2'를 식 (4)에서 구할 수 있다.

식 (3), 식 (4) 모두 우변의 제1항 $\dfrac{m_1 v_1 + m_2 v_2}{m_1 + m_2}$는 전체 운동량을 전체 질량으로 나눈 것이므로 무게중심의 속도를 나타낸다. 이어지는 제2항은 아래 그림과 같이 충돌 후의 상대속도 $e(v_1 - v_2)$를 무게중심의 속도를 기준으로 물체 1, 2의 질량 m_1, m_2에 따라 분배한다. 이것을 역학에서는 **역비로 내분**한다고 한다.

상대속도를 분배한다는 것은

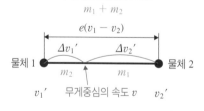

$(m_1 + m_2)$

$e(v_1 - v_2)$

$\Delta v_1'$　$\Delta v_2'$

물체 1　m_2　m_1　물체 2

v_1'　무게중심의 속도 v　v_2'

$(m_1 + m_2) : m_2 = e(v_1 - v_2) : \Delta v_1'$

- 물체 1에 분배하는 속도를 $\Delta v_1'$
- 물체 2에 분배하는 속도를 $\Delta v_2'$
  왼쪽 그림에서 질량과 속도는 다음의 비를 따른다.
  $(m_1 + m_2) : m_2 : m_1$
  $= e(v_1 - v_2) : \Delta v_1' : \Delta v_2'$
  $(m_1 + m_2) : m_1 = e(v_1 - v_2) : \Delta v_2'$

$$\therefore \Delta v_1' = e(v_1 - v_2)\,\frac{m_2}{m_1 + m_2}$$

$$\therefore \Delta v_2' = e(v_1 - v_2)\,\frac{m_1}{m_1 + m_2}$$

충돌 후의 속도를 구한다

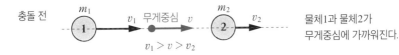

충돌 전 m_1 v_1 무게중심 v m_2 v_2 물체1과 물체2가
                         $v_1 > v > v_2$ 무게중심에 가까워진다.

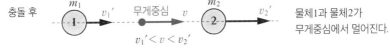

충돌 후 m_1 $v_1{'}$ 무게중심 v m_2 $v_2{'}$ 물체1과 물체2가
                         $v_1{'} < v < v_2{'}$ 무게중심에서 멀어진다.

$$\left\{ \begin{array}{l} \boxed{m_1 v_1 + m_2 v_2 = m_1 v_1{'} + m_2 v_2{'}} \\[2mm] \boxed{e = -\dfrac{v_1{'} - v_2{'}}{v_1 - v_2}} \end{array} \right.$$

         ⋯⋯ (1) 운동량 보존의 식

         ⋯⋯ (2) 반발계수의 식

식 (1)과 식 (2)로부터 $v_1{'}$와 $v_2{'}$를 구한다.

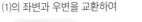

(1)의 좌변과 우변을 교환하여

$$m_1 v_1{'} + m_2 v_2{'} = m_1 v_1 + m_2 v_2 \qquad \cdots\cdots (1){'}\; 충돌\ 후를\ 좌변에$$

(2)를 변형하여

$$v_1{'} - v_2{'} = -e(v_1 - v_2) \qquad \cdots\cdots (2){'}\; 충돌\ 후를\ 좌변에$$

● $v_1{'}$를 구한다.   (1)$'$ + (2)$'$ × m_2에서 좌변에서 $v_2{'}$를 소거한다.

$$\begin{array}{r} m_1 v_1{'} + m_2 v_2{'} = m_1 v_1 + m_2 v_2 \\ +)\quad m_2 v_1{'} - m_2 v_2{'} = -em_2(v_1 - v_2) \\ \hline m_1 v_1{'} + m_2 v_1{'} = m_1 v_1 + m_2 v_2 - em_2(v_1 - v_2) \end{array}$$

                                   $v_2{'}$가 소거된다.

미지수는 $v_1{'}$뿐이다.

$$\therefore \boxed{v_1{'} = \frac{m_1 v_1 + m_2 v_2}{m_1 + m_2} - e(v_1 - v_2)\frac{m_2}{m_1 + m_2}} \qquad \cdots\cdots (3)$$

무게중심의 속도보다 작으므로 −

● $v_2{'}$를 구한다.   (1)$'$ − (2)$'$ × m_1에서 좌변에서 $v_1{'}$를 소거한다.

$$\begin{array}{r} m_1 v_1{'} + m_2 v_2{'} = m_1 v_1 + m_2 v_2 \\ -)\quad m_1 v_1{'} - m_1 v_2{'} = -em_1(v_1 - v_2) \\ \hline m_2 v_2{'} + m_1 v_2{'} = m_1 v_1 + m_2 v_2 + em_1(v_1 - v_2) \end{array}$$

                                   $v_1{'}$가 소거된다.

미지수는 $v_2{'}$뿐이다.

$$\therefore \boxed{v_2{'} = \frac{m_1 v_1 + m_2 v_2}{m_1 + m_2} + e(v_1 - v_2)\frac{m_1}{m_1 + m_2}} \qquad \cdots\cdots (4)$$

무게중심의 속도보다 크므로 +

충돌 후의 속도를 구해보자
– 충돌 계산

앞 절에서 요구한 식을 사용하여, 충돌 후의 두 물체의 속도를 그림의 1과 2의 조건에서 구해보자. 그리고 계산 결과가 옳은지 어떻게 알아보면 좋을까? 운동량 보존의 법칙 관련 식과 반발계수 관련 식은 외력이 작용하지 않는 상태에서 튕겨 나가는 힘만을 구하는 식이다. 앞으로 생각할 예에 대한 계산 검산은, 충돌 전후에서 운동량의 총합은 같다. 즉, 운동량이 보존된 것을 확인할 수 있으면 된다.

①은 반발계수 $e = 1$의 **완전탄성충돌**에서, 두 물체의 질량이 같으므로 충돌 전후로 서로의 속도가 교환되는 **속도교환** 과정이다. 계산 결과는 충돌 전 두 물체의 속도가 각각 교환된 것이다. 검산해 보면 충돌 전 운동량의 총합은 $1 \times 4 + 1 \times 3 = 7\,\mathrm{kg \cdot m/s}$이고, 충돌 후 운동량의 총합은 $1 \times 3 + 1 \times 4 = 7\,\mathrm{kg \cdot m/s}$으로 같다. 이 경우는 당구공끼리 충돌하는 운동의 예에서 잘 나타난다.

②는 $e = 0$의 **완전비탄성충돌**, 즉 충돌 후에 두 물체가 하나가 되어 운동하는 **융합**의 예이다. 두 물체의 충돌 전 운동량의 총합은 $3 \times 4 + 2 \times 2 = 16\,\mathrm{kg \cdot m/s}$이다. 충돌 후 운동량의 총합은 $3 \times 3.2 + 2 \times 3.2 = 16\,\mathrm{kg \cdot m/s}$이다. 이 경우는 스케이트장에서 뒤에서 달려와 넘어지지 않고 친구와 함께 붙어서 스케이트를 타는 운동의 예로 나타낼 수 있다.

위의 두 가지 예는 속도교환과 융합이라는 특별한 예이므로, 여러분도 오른쪽 하단에 제시한 예제를 계산해 보면 쉽게 이해할 수 있을 것이다. 예 (1)의 답은 $v_1' = 2.4\,\mathrm{m/s}$, $v_2' = 4.4\,\mathrm{m/s}$이고 예 (2)의 답은 $v_1' = 2.8\,\mathrm{m/s}$, $v_2' = 3.8\mathrm{m/s}$이다.

충돌 후의 속도를 구한다

물체 1의 충돌 후의 속도: $v_1' = \dfrac{m_1 v_1 + m_2 v_2}{m_1 + m_2} - e(v_1 - v_2)\dfrac{m_2}{m_1 + m_2}$

물체 2의 충돌 후의 속도: $v_2' = \dfrac{m_1 v_1 + m_2 v_2}{m_1 + m_2} + e(v_1 - v_2)\dfrac{m_1}{m_1 + m_2}$

① 속도교환의 예 $e = 1$, $m_1 = 1\,\text{kg}$, $v_1 = 4\,\text{m/s}$, $m_2 = 1\,\text{kg}$, $v_2 = 3\,\text{m/s}$

충돌 전

충돌 후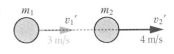

$$v_1' = \frac{1 \times 4 + 1 \times 3}{1 + 1} - 1 \times (4 - 3) \times \frac{1}{1 + 1} = \frac{7}{2} - \frac{1}{2} = \frac{6}{2} = 3\,[\text{m/s}]$$

$$v_2' = \frac{1 \times 4 + 1 \times 3}{1 + 1} + 1 \times (4 - 3) \times \frac{1}{1 + 1} = \frac{7}{2} + \frac{1}{2} = \frac{8}{2} = 4\,[\text{m/s}]$$

② 융합의 예 $e = 0$, $m_1 = 3\,\text{kg}$, $v_1 = 4\,\text{m/s}$, $m_2 = 2\,\text{kg}$, $v_2 = 2\,\text{m/s}$

충돌 전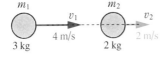

충돌 후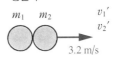

$$v_1' = \frac{3 \times 4 + 2 \times 2}{3 + 2} - 0 \times (4 - 2) \times \frac{2}{3 + 2} = \frac{16}{5} - 0 = \frac{16}{5} = 3.2\,[\text{m/s}]$$

$$v_2' = \frac{3 \times 4 + 2 \times 2}{3 + 2} + 0 \times (4 - 2) \times \frac{3}{3 + 2} = \frac{16}{5} + 0 = \frac{16}{5} = 3.2\,[\text{m/s}]$$

예 (1) $e = 1$, $m_1 = 3\,\text{kg}$, $v_1 = 4\,\text{m/s}$, $m_2 = 2\,\text{kg}$, $v_2 = 2\,\text{m/s}$

예 (2) $e = 0.5$, $m_1 = 3\,\text{kg}$, $v_1 = 4\,\text{m/s}$, $m_2 = 2\,\text{kg}$, $v_2 = 2\,\text{m/s}$

비스듬한 충돌을 생각해 보자
- 평면 내에서의 충돌

앞 절까지는 직선상의 물체의 정면충돌을 고려하였다. 여기에서는 2차원 평면에서 운동하는 물체의 충돌에 대해 생각해 보자.

그림 ①에서 속도 v로 마찰이 없는 바닥면을 임의의 각도로 비스듬히 충돌하는 물체가 튀어 오르는 속도 v'를 구하자. 우선 v를 v_x와 v_y로 분해한다. 그 다음에 수직 방향으로 v_y가 튀어 오르는 속도를 구한다. (a)는 반발계수가 1이므로 $-v_y$, (b)는 반발계수가 1 미만이므로 $-ev_y$가 된다. (a)의 튀는 속도 v'는 v_x와 $-v_y$의 합성 속도, (b)의 튀어 오르는 속도 v'는 v_x와 $-ev_y$의 합성 속도로 구할 수 있다.

②는 2차원 평면 위에서 충돌 전의 운동량이 $m_1 v_1$의 물체 1과 $m_2 v_2$의 물체 2가 임의의 각으로 비스듬한 충돌을 하는 경우이다. v_1과 v_2를 각각 x축 방향과 y축 방향으로 분해하여 5-6절에서 만든 v_1'와 v_2'의 식으로부터 v_{1x}'와 v_{1y}', v_{2x}'와 v_{2y}'를 구하고, 각각을 합성하여 v_1'와 v_2'를 구한다.

③은 두 물체의 반발계수 $e = 0$의 융합의 예이다. 수치를 간단하게 하여 실제로 충돌 후의 벡터를 구해보자. 운동량이 두 물체 모두 같은 $2\,mv$로 교차각 $60°$에서 두 물체가 충돌 후, 일체가 되어 운동할 때의 속도 V를 구한다.

운동량의 벡터를 조합하면, 네 변이 $2\,mv$이고 마름모의 작은 각이 $60°$인 마름모꼴을 그릴 수 있다. 마름모꼴의 대각선이 합성한 충돌 후 운동량의 벡터이므로, 벡터의 작용선은 각 $60°$의 이등분선임을 알 수 있다. 충돌 후의 질량은 $2\,m + m = 3\,m$, 속도를 V라고 했기 때문에, 충돌 후 운동량은 $3\,mV$이다. 마름모꼴의 대각선의 길이가 $2\,mv \cos 30°$의 2배이므로, $3\,mV = 2 \times 2\,mv \cos 30°$로부터 충돌 후의 속도 V의 크기를 구할 수 있다.

물체의 비스듬한 충돌

① 마찰을 생각하지 않는 바닥과 물체의 비스듬한 충돌

(a) $e = 1$ 완전탄성충돌

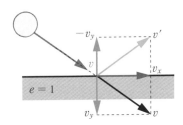

(b) $0 < e < 1$

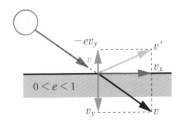

충돌 후의 속도는 수직성분속도와 수평성분속도의 합성속도가 된다.

② 두 물체의 비스듬한 충돌

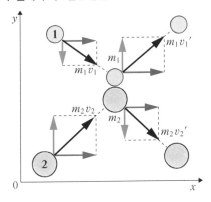

충돌 전의 x축 방향 운동량의 총합
= 충돌 후의 x축 방향 운동량의 총합

충돌 전의 y축 방향 운동량의 총합
= 충돌 후의 y축 방향 운동량의 총합

③ 융합의 비스듬한 충돌

(a) 교차각 $60°$의 융합

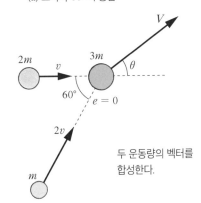

두 운동량의 벡터를
합성한다.

(b) 운동량의 합성

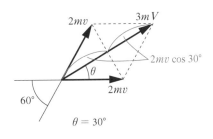

$\theta = 30°$

$3\,mV = 2 \times 2\,mv \cos 30°$

$$\therefore \boxed{V = \frac{2}{\sqrt{3}}v}$$

5-9 야구의 타격과 비행기의 추력
– 운동량을 생각해 보자

지금까지 충돌운동에 대해 살펴보았는데, 빼놓을 수 없는 화제가 야구의 타격이 아닐까 생각한다. 그림 1과 같이 방망이가 공을 수직으로 튕겨내는 부분을 이상화하여, 타격 직후 배트의 속도와 공의 초기 속도를 탄성 충돌로 가정하여 자세히 알아보기로 하자.

다음과 같이 조건을 설정하자. 반발계수 e를 0.4, 배트의 질량 m_1을 0.9 kg, 배트 스윙스피드 v_1을 100 km/h, 공의 질량 m_2를 0.14 kg, 공의 스피드 v_2는 -120 km/h, 타격 후의 공 방향을 양(+)으로 한다. 이 조건을 5-6절의 식 (3)과 식 (4)에 대입하여 계산한 결과, 타격 직후의 배트스피드가 58.6 km/h, 공 스피드가 146.6 km/h가 된다.

또한, 오른쪽 페이지에서는 속도 v_1, v_2의 단위를 km/h 그대로 계산하였다. 제1항, 제2항 모두 단위에는 영향이 없으므로 m/s로의 변환은 생략했다.

충돌에 관한 문제는 아니지만 그림 2의 비행기가 날기 위해서는 기체를 앞으로 나아가게 할 **추력**이 필요하다. 이 추력은 공기나 분사가스를 이용한 유체의 작용·반작용과 운동량 양면에서 설명할 수 있다.

프로펠러기에서는 프로펠러가 공기를 기체 후방으로 운동시키는 작용의 반작용으로써 공기가 기체에 가하는 반작용으로 기체를 전진시키는 추력을 만든다. 마찬가지로 제트기에서는 제트 엔진이 분사가스를 기체 후방으로 운동시키는 작용의 반작용으로써, 분사가스가 기체에 가하는 반작용으로 기체를 앞으로 전진시키는 추력을 만든다. 역학적 관점에서 이 문제는 후방으로 밀리는 공기나 분사가스의 운동량과 기체가 전진하는 운동량과의 관계를 구함으로써 알 수 있다.

그림 1 타구의 초속도

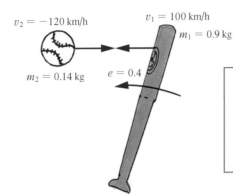

$v_2 = -120$ km/h

$v_1 = 100$ km/h
$m_1 = 0.9$ kg

$m_2 = 0.14$ kg $e = 0.4$

타격 후의 공 방향을
양(+)으로 한다.

반발계수 e: 0.4
배트의 질량 m_1: 0.9 kg
배트의 스윙 스피드 v_1: 100 km/h
공의 질량 m_2: 0.14 kg
공의 스피드 v_2: -120 km/h

$$v_1' = \frac{90 - 16.8}{1.04} - 0.4 \times 220 \times \frac{0.14}{1.04} \fallingdotseq 70.4 - 11.8 = \boxed{58.6 \text{ [km/h]}}$$

$$v_2' = \frac{90 - 16.8}{1.04} + 0.4 \times 220 \times \frac{0.9}{1.04} \fallingdotseq 70.4 + 76.2 = \boxed{146.6 \text{ [km/h]}}$$

그림 2 비행기의 추력

프로펠러가 공기에 가하는 작용
공기의 운동량

공기가 기체에 가하는 반작용
기체의 운동량

엔진이 분사가스에 가하는 작용
분사가스의 운동량

분사가스가 기체에 가하는 반작용
기체의 운동량

물이나 공기의 운동을 생각해 보자
- 유체의 역학

앞에서 역학에서는 고체를 강체로 취급한다고 설명하였다. 그럼 액체나 기체는 일정한 형태가 아니므로, 역학에서 다룰 수 없는 것일까? 뉴턴역학은 아니지만 역학은 이러한 **유체**(액체나 기체)를 취급할 수 있도록 확장할 수 있다. 유체의 운동을 다루는 분야는 **유체역학**이라고 한다. 여기서는 역학과 관련된 운동하는 유체에 대해 생각해 보자.

그림 1의 ①에서 (1) 용기에 담긴 질량 m의 물이 높이 h에 있으면, 식 (1) $U = mgh$에 나타낸 바닥에 대한 위치에너지를 갖는다. 이 용기가 떨어지면, 바닥에 충돌하기 직전에 속도 v'에 의한 운동량 $mv' = m\sqrt{2gh}$를 갖는다. 또는 (2) 속도 v로 운동하고 있다면 식 (2) 운동에너지 $T = \dfrac{1}{2}mv^2$과 운동량 mv를 가질 것이다.

그렇다면 ②와 같이 용기가 없이 내용물만 있는 경우는 어떨까? 현실에서는 물이 한 덩어리가 되어서 운동하는 경우는 없다. 그렇다면 물통 안의 물을 단번에 내던지는 모습을 상상해 보자. 그러면 ①과 마찬가지로 식 (1)과 식 (2)를 사용할 수 있을 것이다. 엄밀히 따지면 ①은 **고체의 운동**이고, ②는 **유체의 운동**이다.

운동하는 유체를 생각하려면 고체의 운동에서 필요한 질량 대신에 **유체의 유량**을 사용해야 한다. 그림 2의 ①과 같이 **유체의 유량은 단위 시간당 흐르는 유체의 양으로 나타낸다.** 여기서 유체의 양을 측정하는 방법에는 체적유량 m³/s, 질량유량 kg/s, 중량유량 N/s가 있다.

①에서 안정적으로 흐르는 유체의 유량은 (1), (2), (3) 어디에서나 동일하므로, **유체에서의 질량보존의 법칙**이라고 한다. 이 질량보존의 법칙은 ②와 같이 형상이 바뀌는 파이프의 임의의 지점에서도 성립한다. 유체의 질량보존에 관하여 나타낸 식을 **연속방정식**이라고 한다.

그림1 물의 운동

① 용기에 들어있는 물

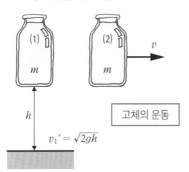

고체의 운동

$v_1' = \sqrt{2gh}$

② 용기 없이 물만 있는 경우

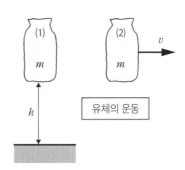

유체의 운동

	역학적 에너지	운동량
식 (1)	$U = mgh$	$mv' = m\sqrt{2gh}$
식 (2)	$T = \dfrac{1}{2}mv^2$	mv

그림2 유량과 연속방정식

① 유량과 질량보존의 법칙

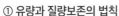

체적유량: Q_V
$= \dfrac{체적}{시간}$ [m³/s]

질량유량: Q_M
= 유체의 밀도 × 체적유량
$= \dfrac{질량}{시간}$ [kg/s]

중량유량: Q_G
= 질량유량 × 중력의 가속도
$= \dfrac{중량}{시간}$ [N/s]

② 연속방정식

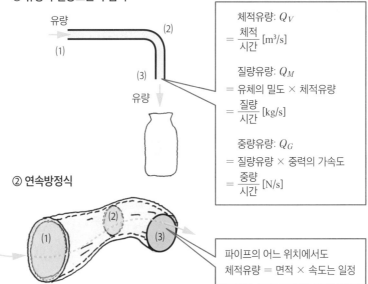

파이프의 어느 위치에서도
체적유량 = 면적 × 속도는 일정

호스의 물과 제트 엔진
– 유체의 운동량

유체의 운동량의 예로서 호스에서 뿜어져 나오는 물의 운동을 생각해 보자. 샤워기 호스를 적당한 길이로 잡고, 물의 세기를 더하면 샤워 헤드가 춤추기 시작하는 것을 본 경험이 있는가? 이것은 분출되는 물의 세기가 작용이 되고, 그 반작용으로서 물이 샤워 헤드를 누르기 때문에 발생하는 운동이다(그림 1의 ①). 흡사 제트기가 추력을 얻는 것과 같은 개념이다.

물이 분출될 때 작용하는 힘 F는 물의 **밀도** ρ와 **체적유량** Q_V, 출구에서의 유체의 **속도** v를 알면 구할 수 있다(②). 여기서 밀도 ρ는 단위 체적당 질량이므로, 단위는 [kg/m³]이다.

운동량의 변화는 충격량과 같으므로 분출되는 물의 질량을 m이라고 하면, $mv = Ft$로부터 $F = \dfrac{mv}{t}$로 변형하여 힘을 구할 수 있다. 여기서 $\dfrac{m}{t}$(단위 시간당 흐르는 물의 질량)은 체적유량에 밀도를 곱하여 얻을 수 있다. 다시 말해서 $\dfrac{m}{t} = $ 체적유량 × 밀도를 $F = \dfrac{mv}{t}$에 대입하면, 호스 끝에서 물이 분출될 때 작용하는 힘은 밀도 × 체적유량 × 속도로 구할 수 있다.

그림 2의 제트 엔진은 엔진이 고속의 분사가스를 후방으로 밀어내어, 그 반작용으로 분사가스가 기체를 앞으로 밀어내는 구조이다. 작용하는 힘은 그림 1에서 구한 것과 같은 방법으로 구할 수 있다.

제트엔진은 압축기가 앞쪽에서 들어오는 공기를 압축하고, 압축된 공기에 연료를 가한 후 연소실에서 연소시켜 고속의 가스를 만들고, 이 가스를 후방으로 내보내는 구조이다. 그 경로 중간에 설치한 터빈이 연소가스에 의해 회전하면서, 터빈과 일체가 된 압축기가 회전하여 공기를 빨아들여서 압축한다. 연소가스는 노즐에서 밖으로 분사될 때 엔진에 반작용의 힘을 주어 기체를 전진시킨다.

그림1 호스에서 나오는 물의 힘

① 물의 작용·반작용

물의 세기가 더해지면
샤워 헤드가 춤추기 시작하는
경우가 있다.

② 분출구에 작용하는 힘

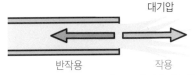

대기압

반작용   작용
호스가 물로부터 받는 힘   물이 분출하는 힘

밀도 ρ
체적유량 Q_V
속도 v
힘 F

$$mv = Ft$$
$$\therefore F = \frac{m}{t}v$$
$$\rho Q_V = \frac{m}{t}$$
$$\therefore \boxed{F = \rho Q_V v}$$

그림 2 제트엔진의 원리

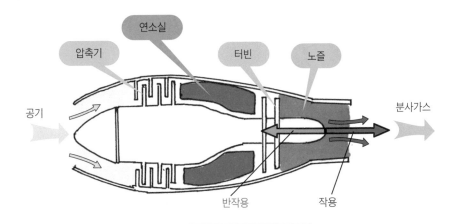

연소실

압축기   터빈   노즐

공기   분사가스

반작용   작용

작용
제트엔진이 분사가스를 후방으로 밀어낸다.

반작용
분사가스가 제트엔진(기체)을 전방으로 민다.

워터해머와 충격수차
– 유체의 충격력

싱글레버식 수도꼭지를 잠글 때나 세탁기의 운전이 전환되면서 공급되는 물이 순간적으로 멈출 때, 약간의 충격음을 들은 적이 있는가? 이 원인은 **수격작용**이나 워터 해머라고 불리는 현상 때문이다.

그림 1의 ①과 같이 운동량 mv의 고체가 벽에 충돌하면, 그 순간에 속도가 제로가 되기 때문에 매우 큰 **충격력**이 생긴다. 물 역시 사출구로 흐르는 동안 운동량 $\rho Q v v$를 가지고 있어 물줄기를 멈춘 순간 잠금 벨브 내벽에 매우 큰 충격력이 발생한다. 이것이 수격(워터해머)작용의 원인이다. ②의 싱글레버식 수도꼭지(그림 참조)는 나사식 수도꼭지보다도 단시간에 물을 차단할 수 있어, 순간적으로 물의 흐름을 차단하는 효과로 수격작용이 발생하기 쉬워지기 때문이다.

유량이 큰 설비에서의 수격작용은 급격한 압력상승이 발생하여 파이프에 손상을 주는 경우도 발생할 수 있다. 이러한 설비에는 수격작용을 피하기 위한 다른 조치를 취해야 한다.

그림 2의 ①은 수력발전에 사용되는 물의 충격력을 이용하는 **충격 수차**인데, 발명자의 이름을 따서 **펠튼 수차**라고도 한다.

노즐에 의해 물의 흐름이 물레방아의 접선 방향을 향하도록 설계되어있다. 물레방아 회전축을 중심으로 주위에 버킷을 설치하여 노즐에서 나오는 물을 부딪치게 하여 운동을 얻는다. 그 결과 물레방아는 출력축을 중심으로 회전하여, 물의 운동에너지가 회전 운동으로 변환된다.

②의 버킷은 숟가락 두 개를 붙인 것 같은 모양인데, 노즐에서 나오는 물은 숟가락 모양의 버킷의 작용으로 물의 방향이 $180°$ 바뀌게 된다. 그러면 버킷은 물로부터의 반작용을 받아 수차를 회전시킨다. 이러한 구조에 의한 움직임 때문에 충격 수차(水車)라고 불린다.

그림 1 수격작용

① 물의 충격력

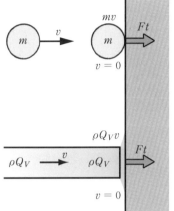

$$mv = Ft$$
$$\therefore F = \frac{m}{t}$$

$$\rho Q_V v = Ft$$
$$\therefore F = \frac{\rho Q_V v}{t}$$

충격 시의 시간 t는 순간이므로, 매우 큰 충격력 F가 발생한다.

② 싱글레버식 수도꼭지 개폐 시

그림 2 충격을 이용한 수차

① 충격 수차

② 버킷의 작용

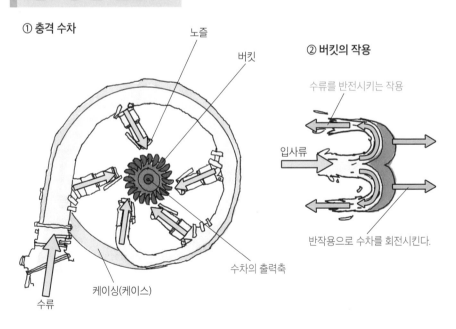

노즐

버킷

수류를 반전시키는 작용

입사류

반작용으로 수차를 회전시킨다.

수차의 출력축

케이싱(케이스)

수류

흐름을 변화시키는 힘의 이용
– 양력

비행기의 날개에 작용하는 **양력**이나 F1 레이싱 카의 윙에 의한 **다운포스** 등 유체는 그 운동량을 변화시켰을 때 반작용에 의해 특별한 힘이 생기게 된다. 우리 주변에서도 이런 체험이 가능하다.

선풍기나 에어컨 날개 앞에 바람을 받기 쉬운 두꺼운 도화지를 갖다 대어 보자. 바람 방향과 평행하게 놓으면 도화지는 바람의 흐름에 영향을 주지 않으며, 흐름으로부터의 영향도 받지 않는다(그림 1의 ①). 그런데 바람 방향에서 도화지를 살짝 기울이면, 흐름의 방향이 변하게 된다(②). 도화지가 바람의 흐름 방향을 바꿈으로, 즉 속도(벡터)를 바꾸기 때문에 도화지 앞에서 바람이 가지는 운동량 mv가 도화지를 통과 후 mv'로 변한다. 바람이 도화지를 통과할 때 운동량이 변하여 충격량 Ft가 발생한다. 이때 바람은 도화지에 반작용으로서 $-Ft$를 가하게 된다. $-Ft$에 의해 도화지는 위쪽으로 힘을 받게 되는데, 이것이 바람의 흐름 앞에 놓인 도화지가 받는 힘이다.

물체가 유체의 운동량을 변화시켰을 때, 유체가 물체에 가하는 반작용의 힘을 이용한 것이 그림 2이다.

①에서는 공기가 비행기의 날개를 통과하면 흐름이 굽어지면서 날개가 Ft의 작용을 흐름에 가한다. 공기 흐름은 날개에 대하여 반작용의 힘 $-Ft$를 가하고, 이것이 기체를 위로 들어올리는 양력이 된다.

②의 F1 레이싱 카에서는 차체의 앞뒤에 부착된 윙이 비행기의 날개와는 반대로 공기의 흐름을 위쪽으로 바꾸도록 설계되어 있다. 이때 윙에는 차체를 노면에 밀착하여 안정시키는 **다운포스**가 작용하고 있다. 그러나 이것은 속도에 대해 저항력이 될 수 있어 차체 후위 부분에 윙 각도를 조절할 수 있게 하여, 직선 구간에서는 다운포스를 경감시키는 방법으로 사용되고 있다.

그림 1 흐름의 작용·반작용

① 흐름에 평행한 도화지

② 흐름을 변화시키는 도화지

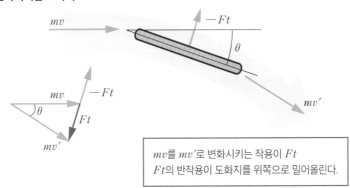

mv를 mv'로 변화시키는 작용이 Ft
Ft의 반작용이 도화지를 위쪽으로 밀어올린다.

그림 2 흐름의 반작용을 이용하다

① 비행기의 날개에 작용하는 양력

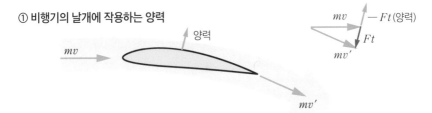

② F1 레이싱 카의 윙에 작용하는 다운포스

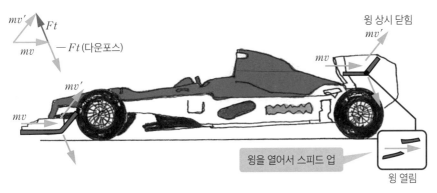

윙 상시 닫힘

윙을 열어서 스피드 업

윙 열림

참고문헌

『数式を使わない力学』 池田和義 著
(講談社, 1980年)

『絵とき SI単位早わかり』 伊庭敏昭 著
(オーム社, 1998年)

『世界を変えた科学の大理論100』 大宮信光 著
(日本文芸社, 1998年)

『面白いほどよくわかる物理』 長沢光晴 著
(日本文芸社, 2003年)

『カラー版 忘れてしまった
高校の物理を復習する本』 為近和彦 著
(中経出版, 2011年)

『強い力と弱い力
ヒッグス粒子が宇宙にかけた魔法を解く』 大栗博司 著
(幻冬舎, 2013年)

『大人のための高校物理復習帳』 桑子 研 著
(講談社, 2013年)

POST SCIENCE/16

그림으로 배우는 역학기초

초판 인쇄 2021년 11월 1일
초판 발행 2021년 11월 5일

지은이 고미네 다쓰오
옮긴이 김종수·박해경
펴낸이 조승식
펴낸곳 도서출판 북스힐
등록 1998년 7월 28일 제22-457호
주소 서울시 강북구 한천로 153길 17
전화 02-994-0071
팩스 02-994-0073
홈페이지 www.bookshill.com
이메일 bookshill@bookshill.com

값 13,000원
ISBN 979-11-5971-380-4

* 잘못된 책은 구입하신 서점에서 바꿔 드립니다.